技術進步 × 科學啟蒙 × 體制競爭 × 產業變革 × 文化融合

由經典案例帶來的啟示，以放大鏡來審視創新史

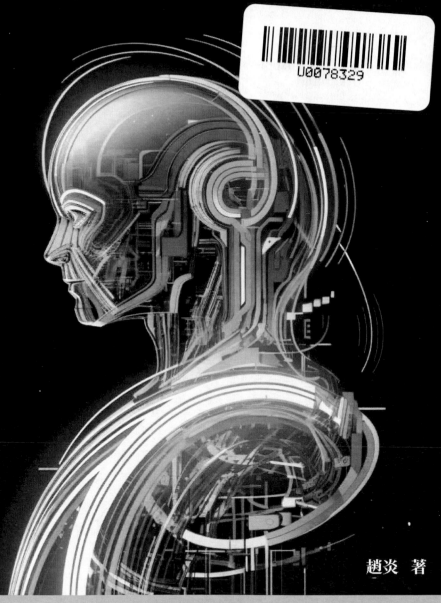

創新簡史一次說清楚！

人類社會究竟如何進步

趙炎 著

歷史總對戰爭情有獨鍾，創新過程卻被一筆帶過？

體制革命、道德水準提升、科學突破、產業結構升級……

創新的最終目的是提升人類福祉，並非局限於以金錢衡量的價值！

目 錄

目錄

第八章 創新：回到概念的本源

序 1

應趙炎教授之約為其新著作序，主要是出於兩點考量。一是支持趙炎教授這樣潛心向學的青年才俊，從事創新知識普及和文化傳播；二是認同出版這本書的社會價值，也希望創新研究學界同仁致力於「讓社會大眾理解創新」的偉大事業中去。

事實上，創新策略、政策和管理問題已經引起社會各界的高度關注，一切問題從創新出發去思考、去行動、去評價已經日益普遍。但是，什麼是創新？為什麼要創新？有什麼創新？如何創新？對於大多數社會大眾來說，創新仍然是霧裡看花、水中望月。學校教科書中講的理論力學、電磁學、量子力學、熱力學和統計力學等往往聚焦理論闡述，少有創新案例教學，缺乏創新對人類社會影響的深入思考。科學家和創新實踐者忙於學術研究、發表論文和創新創業，無暇做大眾推廣，暢銷書作家則受制於學科基礎知識壁壘，難以涉足創新歷史案例研究。

在歷史課本裡，歷史學家對人類歷史上那些血腥的戰爭、黑暗的動盪或者勝利者的豐功偉績情有獨鍾，創新則常常被輕描淡寫的一筆帶過，鮮有濃墨重彩的介紹，以至於社會大眾對創新的理解往往僅停留在概念上，除了關心創新帶來的光彩奪目的獎項和花環之外，難以對創新過程的複雜性和艱鉅性有深入的了解，難以從思考青史留名的創新故事中獲得創新啟迪。當今社會需要崇尚創新、寬容失敗的創新意識，更需要一批「創新網紅」潛心創新故事開發，讓創新的知識更加通俗易懂，讓創新故事更加有血有肉，讓創新的艱辛更加鮮活逼真，啟迪創新創業者，培育社會創新意識。

趙炎教授注重理論與實踐的結合，近年來學術研究碩果纍纍，熱心組織學術活動，對創新的社會意義也給予了有深度、有價值的思考。例如，他對飛機的發明、DNA 雙螺旋結構的發現、人工智慧發展等名垂史

冊的創新案例進行了深入研究，用放大鏡來審視創新，嘗試從新的視角詳細描述一系列有獨到見解的創新故事，對於著名的「錢學森之問」和「李約瑟難題」進行了系統思考，相信讀者能從中看到以前從來沒有看過，甚至沒有想過的東西。

　　創新，並不是神祕的空中樓閣，並不是科學家、工程師的煙霧繚繞的專屬領地，而是社會大眾都可以理解並且去體驗的領域。希望趙炎教授的這本書，有助於把創新這個概念從學術研究的小天地推向廣闊的社會大眾，引起全社會對創新故事背後深層次影響因素的思考，並且燃起社會大眾攀登世界高峰和大眾創業萬眾創新的熱情。

穆榮平

序 2

在 21 世紀的今天，人類已經進入了知識經濟、知識社會。大眾科學素養還需要提升，科學精神還需要加強。一方面，電視裡的五花八門的娛樂節目是無法做到這件事的；另一方面，雖然已經有了獲得雨果獎的科幻作家劉慈欣，有了科幻電影《流浪地球》，但是這仍然屬於流行文化，很難得到學術界的認可（劉慈欣的《三體》和《流浪地球》都曾被職業科學家拿來進行「科學性挑刺」）。然而，中國的學術圈一方面拿著放大鏡來對流行文化「挑刺」，另一方面又不屑於做這種「下里巴人」的事情，更多的仍然是在自己的「陽春白雪」天地裡自娛自樂。

今天的中國學術界，非常強調「論文導向」、「學術導向」。姑且不論這種導向對不對，實際情況是：幾乎沒有多少學者關心科學精神的大眾推廣。毫無疑問，這對於創新型國家的建設是非常不利的。我們缺少像寫出《人類大歷史》、《人類大命運》、《21 世紀的 21 堂課》的哈拉瑞（Yuval Noah Harari），缺少寫出《時間簡史》的霍金。雖然他們是學者，但是他們把科學普及作為一項重要的工作，而且以此為樂、以此為榮。

顯然，趙炎教授的這一本書打破了這個現狀。從這個意義上講，趙炎也做了一次不折不扣的創新。

我拿到書稿，發現趙炎把創新分為技術、科學、體制、產業四個方面。這是頗有新意的。並且，書中對許多創新過程的細節描寫很精彩。這也是我們創新管理的學者們往往忽視的。事實上，那些歷史上的經典創新案例能夠給我們的啟示，往往蘊藏在豐富的細節中。如果要做到完美主義的創新，就必須懂得「魔鬼在細節中」的道理。否則，我們可能就永遠也無法真正做到顛覆性創新、革命性創新。

趙炎還深入淺出的探討了創新的相關問題，例如創新的雙刃劍效

應、創新與競爭的關係、中國產業創新的七宗罪、專業教育是否適合於創新、粗放式創新與集約式創新等等。有些觀點屬於學術領域的一家之言，但是角度獨特卻是毋庸置疑的。最重要的是，他用通俗的語言，把學術界的不同觀點、學術研究的前端問題，展示給普羅大眾，這就為提升大眾對創新的認知水準做出了很大的貢獻。

尤其值得一提的是，在書的最後一章，趙炎對創新的基本概念進行了回顧和反思，指出「創新的最終目的是要提升人類的福祉，而這種福祉並不局限於在市場上以金錢衡量的價值，而是包括了體制的升級、社會的進步、人類道德水準和治理水準的提升、科學認知的進步和突破、產業結構的升級等」。這就對創新的內涵進行了昇華。對於熟知「熊彼得範例」的創新管理學者來說，我們的確應當把創新的概念進行重新審視。今天的中國，不僅滿足於建設一個創新型國家，而且要懷揣建設人類命運共同體的更加宏大的夢想。毫無疑問，創新學者需要在這個偉大的歷史進程中扮演重要的角色。為此，我們一方面應當對創新的概念進行重新整理，建立新的創新理論體系，將之付諸實踐，推動社會和經濟的進步；另一方面，我們也需要更多的意識到並承擔起普及科學精神的責任，為提高全民的創新意識而努力。時至今日，這後一項工作顯得越來越重要、越來越迫切。

陳勁

序 3

我與趙炎教授相識是因為我們同在中國科學技術大學管理學院講 MBA 課程，但是在兩個不同的專業領域，他講「創新創業管理」，我講「證券投資學」。當趙炎教授請我為本書作序的時候，我還有點意外：我對創新管理這個學術領域沒有做過專門研究，何以作序？

不過，看完書稿，我感到很大的滿足和興奮，也非常樂於為之作序。

〈產業的變革：用價值去征服〉這一章，挑選了瓦特蒸汽機這個案例，濃墨重彩，講了很多過去鮮為人知的細節。瓦特先是與羅巴克合作，然後認識了波爾頓。波爾頓的冒險精神、創業精神，成為瓦特蒸汽機從構想變成現實的道路上的重要推動力。儘管一度窮困潦倒，甚至四面楚歌，但是波爾頓的經營頭腦、敏銳眼光使他勇於對這麼一個充滿未知的技術進行長期、持續的大量投資。最終，峰迴路轉，柳暗花明，他們的勇氣和嗅覺獲得了回報，瓦特蒸汽機成了工業革命的代名詞。這個案例，其實就是今天我們資本市場中的風險投資的雛形。從天使投資人羅巴克，到 A 輪、B 輪、C 輪……的投資者波爾頓，瓦特這位高技術創業者走過了一條曲曲折折、荊棘遍布的道路，最終實現了創新成果的產業化和個人價值的實現。

在今天，風險投資的體系已經高度發達。創新者如果有真正發光的創意，那就有可能獲得資本市場的青睞，在短時間內「從 0 到 100」，迅速做大做強，並且迅速占領市場。千千萬萬的創業者懷揣著熱情，走在高技術創新創業的道路上，夢想有一天成為中國的瓦特、賈伯斯、祖克柏。但是，今天的創業者已經不再是當年的瓦特，私募股權投資公司也不再是當年的波爾頓。大家的想法、訴求都有了很大的進步，需要在更高的水準上進行合作。

　　金融是經濟體系的潤滑劑，也是創新的催化劑。為什麼美國的矽谷能夠成為創新者的天堂？一個重要的原因就是美國高度發達的風險投資體系為高科技創業企業提供了充足的動力。這種動力並不僅僅是金錢上的，包括 IDG、紅杉資本等風險投資公司的經理們，在產品研發、行銷管道、公共關係等方面對高科技企業給予了充足的支持。這種「增值服務」，既是雪中送炭，也是錦上添花。它大大縮短了創新成果產業化的時間。

　　這本書給我的最大啟示是：推動人類社會進步的首先是在科學、技術、產業、體制創新方面做出傑出貢獻的發明家、科學家，其次是那些將發明家、科學家的創新成果產業化並造福於人類的企業家，再次是勇於將資本投資於創新型企業從而加速創新成果產業化的金融家。

　　這本書文筆流暢，我會推薦給我的不同年齡、不同行業的朋友都來閱讀。特別希望青少年朋友也來閱讀。

時建龍博士

前言

寫這一本書，有來自三方面的靈感，或者說淵源。

從 2004 年開始，我就進行技術創新、創新網路、創新聯盟和集群的研究。十多年的教學、研究和社會服務生涯，令我越來越感覺到，這個國家需要創新。但是，在創新的理念，尤其是基本概念的內涵和外延方面，有很多需要整理的地方。2012 年，出版了《創新管理》教材之後，不少學校、課程班採用了這本教材，但是也有很多人問我：「創新只在技術、科學上才有嗎？在商業或者其他領域中，難道就沒有創新了？創新過程中到底有什麼問題是值得我們注意的？」為創新正本清源，讓這個社會對創新的概念更加清晰，我感覺這個責任越來越重。但是，要解決這個問題，接下來另一個問題就冒出來了——怎麼做？如果還是用我們學術研究的套路，出教材、出學術專著，進行觀點的闡述，能有好的效果嗎？我很懷疑。不諱言的說，科學精神在我們的民眾中還是匱乏的，普通老百姓對於科學、技術、文化、體制、產業這些基本領域的了解還很不夠。雖然大學畢業生數量已經突破了每年 800 萬人，但是高學歷並不意味著就懂得和發揚科學精神了——就拿我帶的碩士生、博士生來說，很多對科學研究的基本方法、框架、思想都是一無所知的，需要重新進行邏輯思維、整合思維、批判性思維、問題導向思維的培訓，而這種情況在中國高等教育並不鮮見；往大了說，在產業界、政界，甚至學術界，我們的一些「菁英」所做的事情都是不科學甚至反科學、偽科學的。所以我覺得，在目前這個時期，用學術灌輸、說教的方法，不太容易獲得好的效果。怎麼辦？

2015 年，讀了哈拉瑞（Yuval Noah Harari）的《人類大歷史》，我怦然心動。這本書是非常「異類」的一本歷史書，它對於人類歷史做出了令人匪夷所思的闡述，然而掩卷沉思，又令人不得不對其中大膽的想

像力和首尾一致的邏輯而讚賞。尤其是對於「科學—資本主義—帝國」三者的相互增強的關係的探討，讓我這個從小就對世界史感興趣的人有了一種醍醐灌頂般的對諸多史實的全新角度思考。用這種科普的文筆來進行歷史知識的傳授，或者說進行個人觀點的行銷，是很巧妙的，而且也是需要很深功力的（順便說一句，《人類大歷史》中關於「科學」、「技術」、「科技」的概念沒有整理清楚。當然，我們也沒有必要對作者求全責備）。並且，由於參與了中國科協的一些工作，我了解到科協近年來越來越強調科普、科幻的工作。因此，我漸漸意識到，用一種類似於科普的筆法來撰寫這麼一本書，應該是有可能得到大眾承認的。

第三個方面的淵源，應該說是自己的一點私心——一顆未曾泯滅的當作家的心。雖然當一名大學教師是很忙碌的（絕不像大多數人想像的那樣悠閒自在），而且在中國的大學當老師實在是壓力沉重，各種考核指標、會議、表格、評估滿天飛——然而這也讓我有了足夠的動力，保持對新鮮知識的飢餓感。尤其是我們做創新管理的研究，更需要「不務正業」，要博採百家之長。近幾年，三位作家的書籍讓我大呼過癮。

本書初稿完成之際，《流浪地球》電影還未上映，但是科幻作家劉慈欣的《三體》早已聲名鵲起。建立在費米悖論「Where is everybody（大家都去哪裡了）」的基礎上，並透過邏輯推理（雖然經過中科大校友的分析，邏輯並不完全嚴密）建立了「黑暗森林」法則，我認為這個安排是我看過的所有科幻小說中最為邏輯一致的，因此也是最「接近真實」的科幻小說；並且書中還推出了諸如「飛刃」、「智子」、「水滴」、「曲率驅動飛船」、「二向箔」等令人目眩的「黑科技」，還對「黑暗森林」的末世場景進行了正面強攻，這種寫作內容和技法上的創新也是技術上難度極高的。可以說令人腦洞大開，大呼過癮。弗雷德里克·福賽思（Frederick Forsyth）的間諜驚悚小說則彷彿教科書一般，不厭其煩的把間諜工作中的每個環節、每個動作都從頭到尾進行詳細刻畫，細節

描繪的豐富簡直到了外科手術般令人髮指的程度，讓人看著他的小說幾乎就可以依樣畫葫蘆的去當一個間諜。馬伯庸的《風起隴西》和《三國機密》，用一種全新的視角解讀了三國歷史，看上去似乎荒誕不經，但是仔細推敲卻不無道理，而且歷史的這種可能性是不能絕對排除的，並且這種解讀是建立在作者對正史深刻透澈的參悟基礎上的，如果沒有對正史的每一個細節的深刻理解和反覆推敲，是不可能寫出這種作品的。在我看來，這三位暢銷書作家不僅在各自的領域做了出色的創新工作，而且還在無形之中培養了大眾的科學意識、創新意識、想像力、邏輯思維和批判性思維。他們做到的，正是我們這些創新研究學者日日夜夜夢寐以求的。

所以，有這三個因素，我便決定用這種科普而不是學術的筆法來進行創新概念的推廣。雖然這本書不屬於嚴格意義上的科普書籍，但是行文是異曲同工的。

我們的大眾對於創新往往只知大概，不求甚解。例如技術領域的電晶體的誕生、科學領域的電磁學理論的發展等。創新到底需要什麼特質？需要注意什麼問題？需要規避什麼風險？每個細節都是值得推敲的。因此，我嘗試用豐富的細節來為大眾展示創新過程，並分析其中的各種問題，引發大家的思考。在第一章中，關於發現 DNA 雙螺旋結構的故事就是一個非常引人深思的案例。希望透過這樣的案例，能讓熱衷於「創新」的全社會都冷靜下來，多思考一些創新的相關問題。若能如此，則心意足矣。

創新是一個非常寬泛的話題，涉及各個方面。因此，書中也有對一些經典問題的思考和分析，例如「錢學森之問」、「李約瑟難題」，還有對中國產業創新的「七宗罪」的拷問。

創新的概念是外國人提出的，學術研究的理論也大多是翻炒國外的理論。本書在最後嘗試著提出「集約式創新」和「粗放式創新」的概

念，並且用「精緻式創新」去對應學術界已有的「樸素式創新」，試圖總結和提煉出適合中國情境的創新模式。本書還用「情趣式創新」來概括在中國比較普及的、群眾喜聞樂見的創新。

　　經過千日的醞釀和數易其稿，希望這次創新性的嘗試也能展現出筆者期待的價值。如果沒有，那當然不是讀者的錯，也不是筆者的錯，因為創新的本意就是 trial and error（試錯），不斷的犯錯、不斷的糾錯。反反覆覆，尋尋覓覓，有錯則改，無錯加勉，砥礪前行，才能像生物進化樹那樣，一次又一次的證明某一條道路走不通，到最後只剩下那一條走得通的道路，那就是我們最終要走的路。

趙炎

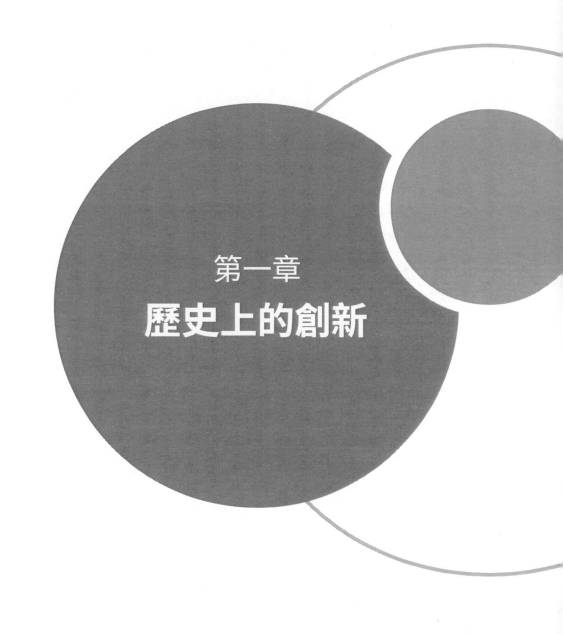

第一章

歷史上的創新

第一節　創新：推動人類演化的力量

一、人類的演化

　　人類為什麼能夠演化成今天這樣？人類社會為什麼能夠進步到今天這個程度？對於今天忙忙碌碌的人們來說，這兩個問題實在是毫無意義。但是，仔細思考起來，又有誰能夠一句話說得清楚？

　　6億～7億年前，動物在地球上出現。從那以後，動物界的演化基本上是依靠無意識（或者說自發的）行為而進行的。不論蚯蚓在土壤裡挖掘，還是海豚在大洋中嬉戲，不論雄鷹在萬呎高空中翱翔，還是獵豹在廣袤草原上捕食，牠們的行為大都不是自覺的。生命的演化速度也處於一個相對較為緩慢的程度。

　　距今10萬～15萬年以前，在東非生活的現代人類的祖先——智人，剛剛開始學會生火，開始宣稱這個世界上存在神靈。他們看起來是那麼頑冥不化，似乎再過100萬年、1,000萬年，他們的生存狀態也不會有什麼大不了的改善。

　　然而，就是從那時候開始，智人逐步從東非向這個星球的各個區域挺進，開始征服地球。從那以來，智人以及隨後的人類開始有意識的運用自己的四肢和頭腦，並且是越來越多的依靠頭腦，來發展日常的生產和生活。在此過程中，人類的智力水準大大的提升了，行為的主動性大大的增強了。

　　2,000年前，人類所能從事的複雜的、稱得上有技術內容的活動，不過是製作弓箭、戰車，或者耕種小麥、玉米，或者像阿基米德（Archimedes）提出槓桿原理和浮力原理，或者像李冰主持修築都江堰水利工程。

　　500年前，人類所能做的最複雜的事情，可能達到了製造大型帆

船、原始火箭的水準，或者推導出地球圍繞太陽旋轉的模型，或者進行超過上萬公里的橫跨歐亞大陸的遠距貿易，或者像王安石那樣推行新法、像英格蘭那樣推出《權利法案》，或者像達文西（Da Vinci）、米開朗基羅（Michelangelo）那樣在文化領域大有建樹。

200 年前，人類有了縫紉機、動力織布機，提出了機率和微積分，發明了煤氣燈，創作出了《馬賽曲》，證明了牛痘的預防效果，用載人氫氣球進行空中偵察。卡文迪許（Cavendish）測量了萬有引力常數，伏打（Volta）發明了乾電池，瓦特（Watt）的蒸汽機開始被大規模運用於經濟領域，英國政府實施了金本位制。

50 年前，美國已經能夠發射金星探測器和地球同步軌道通訊衛星，IBM 的一般電腦開始使用積體電路，前蘇聯太空人實現了太空漫步，日本的高速鐵路新幹線的時速超過 200 公里。

今天，一個毫不起眼的普通人所做的任何一件平淡無奇的事情，例如在辦公室敲擊電腦鍵盤和發送 Email，乘坐民航飛機做長途旅行，或者在家裡用遙控器打開電視機和空調，用電鍋煮飯，在我們的遠古親戚的眼中都越來越顯得不可思議。他們一定會認為，眼前的這個怪物究竟在做一些什麼事情？看上去這麼奇怪，甚至不可理解！

在人類社會進步的過程中，人類的認知能力、技術能力、組織能力、溝通能力越來越強大。與其說是越來越多的改造地球，不如說是越來越深刻的改造人類自身。隨著仿生學、人工智慧、電腦網路的高速發展，人類也在自我進化，而且這個進程就像奔馳在高速鐵路上的列車，越來越快，停不下來。[1] 當然，這個過程也伴隨著問題：人究竟會變成什麼？我們究竟希望自己變成什麼？「人」的定義最後會變成什麼？人在

1　尤瓦爾‧赫拉利（Yuval Noah Harari）‧人類簡史（*Sapiens: A Brief History of Humankind*）［M］‧林俊宏，譯‧北京：中信出版社，2014.

各方面能力的強化，終將把我們引向何處？[1] 人類社會將走向何方？

二、創新的各個領域

從智人開始，我們就在不斷強化自己的各方面能力。技術的進步從未中斷。技術方面的創新一直是創新的主戰場。[2] 最早的石器工具（石刀、石斧）賦予了原始人十倍甚至百倍於自己雙手的力量，使得更有效率的採摘、更加精巧的製作生活用品，甚至更加大膽的獵殺獅虎豹等活動成為可能。火的應用使人類掌握了強大的自然力量。車輪的發明使長距離快速移動成為可能。時至今日，技術的進步使我們在更多的領域做得更好、更快、更精細、更有效，使生活更加豐富和便捷。如果技術演化的加速原理的確存在的話（正如到目前為止所顯示出來的那樣），[3] 我們地球人類的科學認知將迅速增強，而且很可能呈一種指數成長的趨勢。有可能在不遠的將來，我們就會進入技術大爆炸的時代，今天新出現的技術到了明天早上就會變得一文不值。然而，就像複製、轉基因、原子能、大型水壩等技術引起廣泛的爭論、質疑甚至聲討一樣，技術進步為人類帶來的問題往往並不比福利少。對此我們應當保持清醒和謹慎，甚至提前保持一點杞人憂天的態度也未嘗不可，至少比狂妄自大的人類中心主義和人類沙文主義強。

人類是有好奇心的。最早的人就有仰望星空的本能（儘管隨著網際網路和智慧手機的泛濫，這種本能似乎正在迅速退化）。科學發現作為好奇心的產物，一直在人類社會的演進中扮演重要的、基礎性角色。

1　有的科幻小說和電影就揭示了這樣的前景，就是「人」最終脫離了有形的軀體而存在，例如《駭客任務》和《時間移民》。

2　事實上，創新領域的研究主要就是從技術方面起源的，包括約瑟夫‧熊彼得 (Joseph Schumpeter)、伽斯柏 (Henry Chesbrough)、克里斯坦森 (Clayton Christensen)、許慶瑞等學者都是技術創新研究的重要學者。

3　劉慈欣‧三體 [M]‧重慶：重慶出版社，2007.

從哥白尼（Copernicus）到伽利略（Galileo），從牛頓（Newton）到愛因斯坦（Einstein），從達爾文（Darwin）到史蒂芬·霍金（Stephen Hawking），人類運用自己的聰明才智，一步步加深對現實世界的認識。每一個科學上的發現，都意味著人類對現實世界的認知又加深了一層。這種科學認知的加深，為人類在其他領域的前進提供了關鍵知識。儘管我們這種認識和宇宙中更高等的智慧和文明相比，可能還無法相提並論，但是這畢竟是我們人類可以自我選擇的進程。

為了徹底的擺脫原始部落那種靠山吃山靠水吃水、男人外出捕獵和採集野果、女人飼養牲畜和操持家務的生活方式，人類不斷的擴大生產規模，升級生產方式。先是畜牧業從農業中分離出來，形成了第一次社會大分工；接下來，手工業脫離了農業；再後來，商品生產、貨幣也開始出現；此後，機器化大生產、大規模生產的實現，極大的提高了人類的生產能力，也極大的改善了我們的生活；網際網路的出現、資訊化的進展、個性化客製，為人類再一次實現生產能力的跳躍式發展注入了原動力。產業方面的創新，一直以來都是人類文明社會中的主戰場。歸根結柢，創新不能停留在論文紙面或者專利證書的層面，實現商業價值和社會價值是必由之路，而這就必須歸結到生產活動——也就是產業。

倉廩實而知禮節。人類在填飽肚皮、仰望天空之餘，也創造了愉悅自我的活動。有的人拿起了小提琴和風笛，用各式各樣的旋律去追求情人；有的人拿起了顏料和毛筆，用時而狂放不羈、時而細膩入微的筆墨來刻劃現實世界或者理想中的天國；有的人則用榔頭和剪刀來抒發自己的情感；甚至當人們圍坐在酒桌或者茶壺前，觥籌交錯或者坐而論道之際，也誕生了形形色色的酒文化和茶文化。歷史上，文化方面的創新層出不窮，把人塑造成了今天這樣擁有複雜情感、強調豐富體驗的樣子。如果沒有這些文化活動，人不過是會拿起工具做出一個桌子、讓自己能夠吃飯睡覺活下去、沒有任何情感、不會享受生活的行屍走肉罷了。時

第一章　歷史上的創新

至今日，文化上的新生事物越來越複雜，門類也越來越多。今天，很多人在選擇變換國籍的時候，文化方面的考量事實上扮演著關鍵的角色——你究竟喜歡交響樂還是廣場舞，更願意品嚐香檳葡萄酒還是茅臺五糧液？

一個有爭議的創新領域，可能是人為了生產生活而進行的組織管理方式。一個原始部落內部的主要活動概括起來可能只有 5～6 種工作，只要依靠一個白髮蒼蒼、經驗豐富的族長的權威進行管理，就能確保所有人（或者大多數人）相安無事的和平共處下去。農業社會中的見多識廣的村長、城邦中的聰明睿智的元老、游牧民族中的能征善戰的首領，都是特定條件下誕生的組織管理的領袖。然而，生產的社會化大分工越來越精細，社會的組成部分越來越多樣化，數量越來越龐大。今天的一家數百人規模的軟體公司，其中的分工種類數量可能就超過了〈清明上河圖〉所刻劃的宋代都城的分工種類數量。社會這臺機器越來越複雜和難以駕馭，人類社會也相應的創造了不可謂不豐富多樣的制度，對這種大規模群體的組織模式和管理方法提供解決方案。兩黨制和多黨制，議會制和君主立憲制，大陸法系和英美法系，資本主義和社會主義……人類社會在體制創新方面所展現出的創造力從來都不遜色於科學和技術領域。

在人類歷史上，湧現了無窮無盡的創新。事實上，在人類演化的歷史長河中，創新就是一個一個的腳印，每一次創新活動和創新成果，都引導人類向更聰明、更智慧、更靈活、更強大的方向前進，也引導人類社會向著更複雜、更精確、更有彈性的方向進步。毫不誇張的說，人之所以是今天的人，就是因為歷史上成千上萬的創新活動，一點一點的把我們塑造成了今天這個樣子。人類為什麼能夠演化成今天這樣？人類社會為什麼能夠進步到今天這個程度？關於這些問題，答案就隱藏在創新這個黑匣子中。

第二節　世界歷史上的創新案例

一、科學創新：DNA雙螺旋結構

1953 年 4 月 25 日，美國遺傳學家華生（James Watson）和英國物理學家克里克（Francis Crick）在英國《自然》（*Nature*）雜誌發表了一篇合著的論文，提出 DNA 雙螺旋結構模型。這個發現宣告了分子生物學的誕生，在生命科學史上翻開了劃時代的一頁，對人類社會帶來了重大的影響。

（1）過程

1950 年代前後，有一批物理學家和化學家採用 X 光繞射技術研究 DNA 分子結構，包括著名的倫敦帝國學院的威爾金斯實驗室，還有加州理工學院的鮑林實驗室。而真正的發現者，則是個非正式的研究小組，事實上他們可以說是不務正業。

1951 年，23 歲的華生既是一位遺傳學者又是一位野鳥觀察家，他 15 歲時進入芝加哥大學，那時還是個早熟而無禮的青年。他於 1951 年從美國到劍橋大學卡文迪許實驗室成為博士後時，雖然其真實意圖是要研究 DNA 分子結構，掛著的課題項目卻是研究菸草花葉病毒。比他年長 12 歲的克里克是一位晶體學家，他認為自己在 30 歲左右時就已經相當出色了。當時他正在寫博士學位論文，論文題目是「多肽和蛋白質：X光研究」。華生說服與他分享同一個辦公室的克里克一起研究 DNA 分子模型。他們從 1951 年 10 月開始拼湊模型。

1951 年，他們倆都是名不見經傳的小人物，35 歲的克里克連博士學位還沒有拿到。受到前人的影響，他們原本按照三股螺旋的思路進行了很長時間的工作，可是既建構不出合理模型，也遭到晶體學專家的強烈反對，工作陷入僵局。1953 年 2 月，他們看到了威爾金斯（Maurice

Wilkins）等人拍攝的 DNA 晶體的 X 光繞射照片。[1]根據照片，整日焦慮於 DNA 結構的華生和克里克立即領悟到了——兩條以磷酸為骨架的鏈相互纏繞形成了雙螺旋結構，氫鍵把它們連接在一起。分別代表腺嘌呤、胞嘧啶、胸腺嘧啶和鳥嘌呤的 A、C、T、G 按照一定的次序排列於雙鏈上，A 與 T 相對應，C 與 G 相對應。知道一條 DNA 鏈上的字母順序，另一條鏈也自然得到了確認。DNA 的雙螺旋鏈不斷盤繞，加上蛋白質，就形成了存在於每個細胞核內的染色體。

利用從劍橋的五金行裡獲得的零件，華生逐漸收集了大量用作 DNA 成分的部件，並在克里克的幫助下將它們組合在了一起。這些部件的組合一旦完成，華生與克里克便如同蓄勢待發的飛行員，跑道上的指示牌、旗幟以及指示燈已經一一到位，只等他們完美的起飛。幾經嘗試，他們終於在 1953 年 3 月獲得了正確的模型。最終製成的模型清晰明瞭、精美而令人印象深刻，最重要的是，透過鹼基互補配對原理，它讓人們了解了遺傳機制的關鍵。任何一個見到該模型的人，無疑都會重複華生與克里克激動的話語「如此漂亮的結構必須存在」！

（2）啟示

挑戰權威才能創新

在科學界經常遇到的是年輕人對權威無原則的屈服，甚至華生在得知鮑林提出的是三螺旋模型的一剎那，也曾後悔幾個月前放棄了自己按三螺旋思路進行的工作。不過兩位年輕科學家並沒有盲目迷信，而是最終選擇了向權威挑戰，這需要勇氣，更需要嚴肅認真的實驗工作和深厚

1　威爾金斯的同事，一位女晶體學家富蘭克林（Rosalind Franklin）在其中扮演了重要角色。事實上，是她成功拍攝了 DNA 晶體的 X 光繞射照片。後來，威爾金斯在富蘭克林不知情的情況下把這那張照片拿給華生和克里克看了，從而給了他們關鍵性的啟發。這三位男性獲得了 1962 年諾貝爾生理學或醫學獎，而富蘭克林則已經在 1958 年因為卵巢癌而去世。為她鳴不平的大有人在，尤其是有人質疑威爾金斯獲獎的公正性。

的科學功底。他們為了贏得時間，加快了工作。因為他們相信這是鮑林的智者千慮之一失，很快本人就會發現錯誤並迅速得出正確結論。事實證明，他們的大膽獲得了回報。

跨界往往通向創新

推斷出 DNA 是雙螺旋結構的，不是生物學家，而是一群物理學家和化學家。威爾金斯雖然在 1950 年最早研究 DNA 的晶體結構，當時卻對 DNA 究竟在細胞中做什麼一無所知，在 1951 年才覺得 DNA 可能參與了核蛋白所控制的遺傳。富蘭克林（Rosalind Franklin）也不了解 DNA 在生物細胞中的重要性。作為一個化學家，鮑林研究 DNA 分子則純屬偶然——他在 1951 年 11 月的《美國化學學會雜誌》上看到一篇核酸結構的論文，覺得荒唐可笑，為了反駁這篇論文，才著手建立 DNA 分子模型。克里克從事的是蛋白和多肽的 X 光晶體繞射研究。外加唯一一個遺傳學家，當時年僅 23 歲的華生。正是由於學科交叉，這些科學家才有可能破解 DNA 雙螺旋結構的密碼。

學術交流推動創新

在探索 DNA 分子結構的開始，卡文迪許實驗室的華生和克里克遠遠落後於他們的競爭者——倫敦國王學院的富蘭克林和威爾金斯。然而，倫敦國王學院研究小組由於成員之間的溝通不暢，無法有效的工作。富蘭克林開始負責實驗室的 DNA 項目時，有好幾個月沒有人做事。威爾金斯不喜歡她進入自己的研究領域，但他在研究上卻又離不開她。威爾金斯把富蘭克林看作執行技術的副手，後者卻認為自己與前者地位同等，兩人的私交惡劣到幾乎不講話。在那時，對女科學家的歧視處處存在，女性甚至不被准許在高級休息室裡用午餐。她們無形中被排除在科學家間的連結網絡之外，而這種連結對了解新的研究動態、交換新理念、觸

發靈感極為重要。

　　與此相對的，早在 20 世紀初，卡文迪許實驗室就形成了一個「茶歇」（tea break）的習慣，每天上午和下午，都有一個聚在一起喝茶的時間，有時是海闊天空的議論，有時是為某個具體實驗設計的爭論，不分長幼，不論地位，彼此可以毫無顧忌的展開辯論和評論。這種不拘一格、學科交叉的氛圍確實有利於學術進步，所以這種習慣已經被國外許多大學和研究機構仿效，在國際學術會議的日程安排中，茶歇這個環節也已經成為通行的慣例。

（3）深遠的影響

醫學和醫藥

　　DNA 雙螺旋結構模型的提出，引發了今天以基因工程為核心的生物技術。1977 年，美國科學家第一次用大腸桿菌生產出人腦激素——生長激素釋放抑制素。這是基因工程研究的首次重大突破。自此以後，僅美國批准的上市治療疑難病（包括遺傳病、心血管系統疾病、免疫系統疾病、腫瘤及傳染病等）的基因工程藥品就超過 120 種，有近 400 多種處於各期臨床研究階段，約 3,000 多種處於臨床前研究開發階段，2000 年產值和銷售額已超過 200 億美元。

　　DNA 雙螺旋結構模型的提出，使基因療法成為可能，為目前尚無理想治療方式的遺傳病、惡性腫瘤、心血管病、傳染病等的治療展示了廣闊的前景。

　　在 DNA 雙螺旋結構模型的基礎上，「人類基因組計畫」於 1990 年開始實施。2000 年 6 月 26 日，參加「人類基因組計畫」工作的 6 個國家共同發表聲明，完成了人類基因組計畫的 DNA 框架圖。憑著這張人體細胞 DNA 中所有鹼基排列順序的地圖，醫學有可能實現「先知先卜」。當一個人還沒有症狀時，透過 DNA 檢測就能知道他未來會不會患心臟

病、老年痴呆症、癌症等，從而可以提前預防，杜絕疾病的發生。在進行「人類基因測序」工程的同時，科學家們也正在進行人類功能基因組研究，也就是對人類基因的功能進行深入研究，這將對人類的健康保障和醫藥產業產生更深遠的影響。

農業

基於對 DNA、基因、遺傳學方面的認識不斷加深，轉基因技術在植物品種改良的研究方面獲得了極大的進展，包括以下幾個方面：抗除草劑、抗病毒、抗蟲、抗細菌、抗真菌的轉基因植物已進入田間試驗，有的已推廣；對抗鹽、鹼、抗寒、抗旱、抗澇的轉基因植物研究已初見成效，有的已進入田間試驗；在研究農作物蛋白質、脂肪、澱粉含量和品質改良方面的轉基因植物有的已告成功，有的已進入田間試驗；延緩成熟、耐儲藏、能保鮮的轉基因番茄已商品化；改變纖維顏色的轉基因棉花的研究有的已獲成功等等。[1]

但是，轉基因研究和轉基因產業在全球範圍內引起的廣泛爭議顯示，相當多的人對這一領域的潛在問題和極大風險仍然保持清醒。在進一步的研究揭示更多情況之前，保持謹慎或許是對人類自身更加負責的一種態度。

工業

利用基因工程的方法建構工程菌，可以對工廠排出的廢水、廢料和殘渣進行淨化處理，一方面可以治理環境，另一方面也可以獲取食用和飼料用的單細胞蛋白。

微生物發酵法可以生產許多化工原料，如乙醇、丁醇、乙酸、乳酸、檸檬酸、蘋果酸等。用轉基因的方法建構工程菌，可以大大改進產

1　張樹庸．DNA 雙螺旋結構模型對人類社會的影響 [J]．實驗動物科學與管理，2003, 20(3):33-36.

品品質並提高產量等。

利用轉基因的方法建構工程菌可以生產製造塑料的原料——聚羥基丁酸，這種產品可以被微生物分解，從而消除白色汙染，沒有毒害。

利用基因工程的方法，還能為緩解能源危機帶來新的機會。地球上的化石燃料終將枯竭，代之而起的是生物能。微生物發酵法用甘蔗、木薯粉、玉米渣等生產酒精。科學家還在研究透過轉基因的方法創造多功能的超級工程菌，使之分解纖維素和木質素，以便利用稻草、木屑、植物秸稈、食物的下腳料等生產酒精。

總結

可見，DNA 雙螺旋結構的發現，對醫學和醫藥、農業、工業的發展產生了重大的影響，大量的病人得以治癒，更多更優良的農作物（糧食、蔬菜、水果、經濟作物等）得以生產，更多更好的工業產品得以製造。龐大的經濟效益和社會效益，使這一發現毫無爭議的成為人類科學史上一大重要的創新。

二、技術創新：飛機的發明

1903 年 12 月 17 日，威爾伯‧萊特（Wilbur Wright）和奧維爾‧萊特（Orville Wright）兄弟二人先後駕駛他們自己設計的「飛行者一號」飛機，成功的升空飛行。這一天，他們的最好成績是留空 59 秒，飛行距離 260 公尺。他們成功的實現了人類第一次載人動力飛行。飛機是 20 世紀最偉大的發明之一。經過 100 多年的努力，民用航空、通用航空和軍用航空等領域都得到了高度的發展，對社會、經濟、科技、文化和軍事等領域，都產生了重大而深遠的影響。

（1）過程

兩千多年前中國人就已發明了風箏。19 世紀末，滑翔機和蒸汽機都

已經成熟，許多先驅者開始研究動力飛行。

　　威爾伯‧萊特和奧維爾‧萊特兄弟倆自幼喜歡機械，喜歡航空。西元 1896 年 8 月 9 日，兩兄弟聽到德國航空先驅李林塔爾（Otto Lilienthal）在一次滑翔飛行中不幸遇難的消息，受到極大的刺激和感動。與此同時，熟悉機械裝置的萊特兄弟認定，人類進行動力飛行的基礎實際上已經足夠成熟，李林塔爾的問題在於他還沒有來得及發現操縱飛機的訣竅。於是，萊特兄弟滿懷熱情的投入了對動力飛行的鑽研。

　　這時候，萊特兄弟開著一家自行車商店。他們一邊工作賺錢，一邊研究飛行資料。3 年後，他們掌握了大量關於航空方面的知識，決定仿製一架滑翔機。他們首先觀察老鷹在空中飛行的動作，為此，他們常常仰面朝天躺在地上，一連幾個小時仔細觀察鷹在空中的飛行，研究和思索牠們起飛、升降和盤旋的原理。然後一張又一張的畫下來，之後才著手設計滑翔機。

　　1900 年 10 月，萊特兄弟終於製成了他們的第一架滑翔機，並把它帶到吉蒂霍克海邊，這裡十分偏僻，周圍既沒有樹木也沒有民宅，而且這裡風力很大，非常適宜滑翔機飛行。兄弟倆用了一個星期的時間，把滑翔機裝好，先把它繫上繩索，像風箏那樣放飛，結果成功了。然後威爾伯坐上去進行試驗，雖然飛了起來，但只有 1 公尺多高。第二年，兄弟倆在上次製作的基礎上，經過多次改進，又製成了一架滑翔機。這年秋天，他們又來到吉蒂霍克海邊，一試驗，飛行高度一下達到 180 公尺。

　　他們非常高興，但並不滿足。他們在想：能否製造一種不用風力也能飛行的機器？兄弟倆反覆思考，把關於飛行的資料集中起來，反覆研究，始終想不到用什麼動力，把龐大的滑翔機和人運到空中。有一天，車行門前停了一輛汽車，司機向他們借一把工具，來修理一下汽車的引擎。兄弟倆靈機一動，開始思考能不能用汽車的引擎來推動飛行。從這以後，兄弟倆圍繞引擎動起了腦筋。他們首先測出滑翔機的最大運載能

力是 90 公斤，於是，他們向工廠訂製一個重量不超過 90 公斤的引擎。但當時最輕的引擎是 190 公斤，工廠無法製造出這麼輕的引擎。在機械師泰勒（Charles Taylor）的幫助下，萊特兄弟動手製造了一臺功率約 12 馬力、重 77.2 公斤的活塞式 4 缸直列式水冷引擎。他們還製作了螺旋槳，並將帶螺旋槳和引擎的飛機模型，放到自製風洞中進行了模擬測試。他們很快便著手研究怎樣利用引擎來推動滑翔機飛行。經過無數次的試驗，他們終於在滑翔機上安裝了螺旋槳，由引擎來推動螺旋槳旋轉，帶動滑翔機飛行。

又經過多次試驗，反覆思考，嚴格檢查，借鑑他人的經驗教訓，萊特兄弟已經到了成功的邊緣。1903 年 12 月 17 日，萊特兄弟帶著他們裝有引擎的飛機再次來到吉蒂霍克海邊試飛。10 點 35 分，一切準備就緒。為了能夠率先登機試飛，兄弟倆決定以擲硬幣的方式確定誰先登機，結果弟弟奧維爾贏了。奧維爾爬上「飛行者 1 號」的下機翼，俯臥於操縱桿後面的位置上，手中緊緊握著木製操縱桿，威爾伯則啟動引擎並推動它滑行。在飛機達到一定速度後，威爾伯鬆開手，飛機像小鳥一樣離地飛上了天空。雖然「飛行者 1 號」飛得很不平穩，但是它畢竟在空中飛行了 12 秒共 36.5 公尺，才落在沙灘上。接著，他們又輪換著進行了 3 次飛行。在當天的最後一次飛行中，威爾伯在 30 公里／秒的風速下，用 59 秒的時間，飛行了 260 公尺。人們夢寐以求的載人空中持續動力飛行終於成功。人類動力航空史就此拉開了帷幕。

（2）啟示

繼承他人的研究成果 [1]

李林塔爾在西元 1896 年試飛中不幸遇難逝世的消息，促使萊特兄弟

1　劉家岡，李俊清，王本楠・萊特兄弟發明飛機成功的創造學啟示 [J]・物理與工程，2012，22(4):37-40.

開始留意航空和飛行的問題。在頭兩、三年，他們主要是進行一些航空入門，閱讀相關書籍以加深對於航空的了解。此時，他們的航空研究仍屬於業餘狀態，並沒有立志進行飛機研究。

在他們開始認真對待飛行問題後，就感到不那麼簡單，問題成堆。但他們不是閉門造車，自己悶頭研究，而是首先求助科學研究機構。西元 1899 年 5 月，威爾伯·萊特向著名的科學機構史密斯研究院寫信求助，向他們索取與航空相關的資料。研究院提供了一份清單給他們，其中有查紐特（Chanute）的《飛行機器的發展》、蘭利（Langley）的《空氣動力學試驗》、李林塔爾的《作為航空基礎的鳥類飛行》以及西元 1895 年、西元 1896 年和西元 1897 年的《航空年鑑》。在仔細的閱讀了這些文獻之後，他們「驚奇的發現，在人的飛行問題上，已經花費了大量時間和金錢，而且有那麼多傑出的科學家和發明家都在這方面進行過研究，包括達文西、喬治·凱萊（George Cayley）博士、蘭利教授、貝爾（Bell）博士（電話發明人）、馬克沁（Maxim）（機槍發明者）、查紐特、帕爾森斯（Parsons）（蒸汽渦輪發明者）、湯瑪斯·愛迪生（Thomas Edison）、李林塔爾、阿德爾（Ader）、菲利普斯（Phillips）先生和許多其他人」。這些文獻對他們幫助最大的是《航空年鑑》和《飛行機器的發展》。

看過這些資料之後，他們深深感到自己原來對航空知識的了解竟然是那樣的少。透過研究這些資料，他們獲得了重大教益。一是學到了許多基本的、系統的航空知識，特別是設計飛機所必須的基本部件和空氣動力學知識，這使他們從一開始就有了較高的起點，避免了走很多的彎路。二是他們理解到飛機研製面臨的重重困難，發現到前人存在的不足從而想到飛機研製應該採取正確的方法。

當時，蘭利受美國政府的委託，製造了一架帶有汽油引擎的飛機，在試飛中墜入大海。萊特兄弟得知這個消息，便前去調查，並從蘭利的

失敗中吸取了教訓，獲得了很多經驗，他們對飛機的每一部件進行了嚴格的檢查，制定了嚴格的操作規定。

這是萊特兄弟與其他飛機研究者的不同之處。在他們之前，製造動力飛機的人很多，但很少有人認真研究並充分吸取前人或同時代人失敗的教訓。

強調觀察和實驗的重要性

萊特兄弟對鳥類的飛行進行了大量觀察。他們常常仰面朝天躺在地上，一連幾個小時仔細觀察鷹在空中的飛行，研究和思索牠們起飛、升降和盤旋的原理。當年他們提出的許多新穎想法，都在以後的航空工業中得到了應用。例如，他們發現鴿子的翼尖沿著一個橫向軸擺動，這樣就可以控制牠的橫向平衡。萊特兄弟把這種方法成功的用於飛機設計上，就是所謂「翼尖曲翹」的控制方法。為了研究飛機的穩定控制性，西元 1899 年萊特兄弟首先製作了一個 1.5 公尺寬的滑翔機，實際上有點像一隻大風箏。目的是試驗證明他們發現的保持平衡的翼尖曲翹方法的有效性。試驗結果是肯定的，這給予他們極大的信心。

於是在 1900 ～ 1902 年間，萊特兄弟又先後製作了 3 架試驗用的全尺寸滑翔機，用它們進行了無數次試驗飛行，分別對展弦比、翼面積、翼面彎曲度進行了調整，對水平安定面和垂直安定面進行了改裝，使滑翔機的穩定性和操控性得到很大改善，升力也得到較大提高。在經歷了多次失敗和挫折後，到 1902 年 9 月末，用第 3 號滑翔機試飛，威爾伯‧萊特的最好成績達到 26 秒內滑翔 190 公尺，奧威爾‧萊特的最好成績達到 21 秒內滑翔 188 公尺。這個極大的成功使得萊特兄弟極度興奮，他們感到為飛機加裝引擎的時機到了，決定向動力飛行進行最後的衝刺。

在此期間，為了獲得設計飛機所需要的可靠的資料，萊特兄弟還進行了多次空氣動力學的實驗。特別值得一提的是，他們自製了一個小

型的風洞，風扇功率 1.5kW，長約 1.5m，口徑 56cm×56cm，風速 27km/h。他們用它進行了幾千次實驗，研究了 200 多種不同翼型，獲得了大量資料，為他們以後的成功打下了堅實的基礎。

在他們的動力飛機「飛行者 1 號」試飛獲得具有重大歷史意義的成功後，萊特兄弟並沒有滿足，他們又設計製造了「飛行者 2 號」和「飛行者 3 號」，反覆試驗，不斷改進飛機的性能，克服了快速轉彎時的失速、失控的問題，使之能夠做轉彎和圓周飛行、傾斜飛行、8 字飛行、重複起降。到 1904 年 10 月 5 日，飛行者 3 號的最好紀錄是在 38 分 2 秒內飛行了 38.6 公里。飛行者 3 號被看作世界上第一架實用動力飛機。

可以說，沒有這些試驗和實驗，就沒有萊特兄弟設計製造飛機的偉大成功。

（3）影響

20 世紀初

萊特兄弟在實現飛機發展的突破後，於 1908 年創建了世界第一家飛機製造企業——萊特飛機公司，並獲得美國陸軍訂貨，這象徵著航空工業的誕生。緊隨萊特飛機公司之後，美國和歐洲迅速出現了其他一些飛機製造企業。在這一時期，這些企業的規模一般都比較小，近似於工廠。很多企業和個人在世界飛機製造業發展進程中發揮了重要作用。有些企業發展延續到現在，如洛克希德公司和勞斯萊斯控股有限公司等；有些企業是經過整合後發展，如布雷蓋公司和英國的幾家飛機公司；也有很多企業消失。

第一次世界大戰使航空工業實現第一次大發展。全世界的企業數量達到約 200 家，航空引擎廠 80 家，戰爭期間生產的飛機和引擎數量分別為 20 多萬架和 23 萬多臺。在飛機發展方面，歐洲企業領先於美國，「一戰」中的優秀作戰飛機多是歐洲企業的產品。「一戰」時期美國軍

用飛機發展相對滯後的原因主要是美國不是主要參戰國，不像參戰的歐洲國家那樣全力發展軍用飛機。還有一個原因是萊特兄弟提起飛機專利訴訟，阻礙了美國柯蒂斯等其他航空先驅的飛機產業發展。儘管歐洲個別企業也受此影響，但影響相對較小。

由於對航空意義和價值認知的不斷提升，應用領域不斷拓展，人們將更多的創造力和資源投入飛機製造和航空產業發展。材料與工藝、飛機引擎、導航儀表與操縱系統、仿真訓練設備等技術發明與創新不斷獲得進展。第二次世界大戰中，交戰雙方為制空權進行了激烈競爭，更刺激了航空技術與飛機製造產業的快速發展。至第二次世界大戰結束，飛機引擎功率已從不到 10kW 增加到 2,500kW，最大平飛時速已近 800km/h，俯衝速度已近音速。[1]

飛機製造業的策略地位

自從飛機發明後，日益成為當代不可或缺的運載工具，改變和促進了人類文明進程。飛機製造業是國家策略性產業，對國家軍事安全有重大影響，對經濟和科技發展有重大推動作用，配裝航空武器系統的空中力量對戰爭勝負具有關鍵性甚至決定性的作用。在民用領域，航空運輸是目前最快捷、最高效能的交通運輸系統，隨著經濟全球化的進一步深入以及社會進步和技術發展，航空運輸將有更大的擴展空間。軍民用飛機的市場需求龐大，其價值和附加值極高，對經濟發展有著重大貢獻。而且航空科技高度複雜，其發展能夠有力推動相關科技的發展和突破。[2]

因此，儘管飛機製造業已有百年的發展歷史，其地位和作用不但沒有減弱，反而不斷提升，未來前景更加廣闊。

1　路甬祥．從航空航天先驅得到的感悟 [J]．科技導報，2014, 32(11):15-20.

2　趙長輝，段洪偉．從萊特兄弟突破到跨國整合：飛機製造業百年簡史 [J]．中國工業評論，2015,(8):94-103.

飛機製造業的規模

目前，美國飛機製造業直接從業人員 40 萬～ 45 萬人，年產值 2,500 億～ 3,000 億美元。歐盟 27 國飛機製造業直接從業人員 35 萬～ 40 萬人，年產值 2,000 億～ 2,500 億美元。加拿大飛機製造業直接從業人員約 8 萬人，年產值約 300 億美元。日本飛機製造業直接從業人員約 3 萬人，年產值約 120 億美元。巴西飛機製造業直接從業人員約 3 萬人，年產值約 100 億美元。中國飛機製造業直接從業人員約 40 萬人，年產值約 400 億美元。

三、產業創新：福特公司的 T 型車

福特公司的 T 型車是世界上第一條流水線上裝配而成的汽車。福特透過改變生產方式，提高 T 型車產量，從而使價格不斷降低成為了現實。全新的 T 型車被稱為「便宜小汽車」，走入尋常百姓家，獲得了前所未有的銷售量。從此以後，人類的生活方式和思維方式發生了天翻地覆的變化，汽車時代到來了。稱 T 型車為 20 世紀最重要的汽車產業創新毫不為過。

（1）過程

19 世紀末、20 世紀初，內燃機已經被發明與使用，並成功運用在汽車上。圓轉爐提高了鑄鐵的效率，之後，更加先進的平爐煉鋼工藝迅速成為美國鋼鐵生產的主要方法。把鐵礦石煉成鋼鐵的鼓風爐越造越大，西元 1860 年每週只能生產 100 噸，到第一次世界大戰時的日產量已達到 1,000 噸。1900 年隨著美國南部石油油田不斷發現，石油產量獲得很大的提升，從而其價格大幅度降低，大部分工業和家庭開始選擇石油作為其動力和取暖原料，使用石油成為眾多交通工具的動力選擇。20 世紀初，美國一躍成為全球最大的經濟體。1900 年，美國的國民平均收入比

第一章　歷史上的創新

英國多 100 美元，是法國的近 2 倍，是日本的近 10 倍。國民收入遠高於其他國家，實現了國家富裕，大眾富裕。購買汽車成為美國民眾潛在的主要消費方式。

西元 1895 年，杜里埃（Duryea）兄弟建立了美國第一家製造汽油引擎的汽車工廠。然而，直到 20 世紀初，汽車仍然停留在奢侈品的層面，只有富人買得起。

亨利·福特（Henry Ford）發誓要「製造一輛為大眾服務的汽車」。在威爾斯（Childe Harold Wills）的協助下，1908 年 3 月，福特終於成功推出了設計簡潔、價格低廉、耗油量小的 T 型車。T 型車是一種簡化了的廂式小轎車，全部黑色。T 型車的推出，迅速打開了市場，在其持續的 20 年裡，外觀沒有太大變化。1913 年，T 型車的銷量達到 168,220 輛，供不應求。新的生產方式勢在必行。

從 1913 年年初開始，福特汽車公司摒棄了舊式的靜態組裝法，首創一種動態的生產組織方式：在工廠上部完成各個零件的加工製造之後，透過傳送機、管道等方式，運送到下部的各個樓層的生產工廠。這些零部件及所有的必需品，全部提前堆放在沿線選定的位置上。將汽車車身和底盤一排 60 個依次擺開，分別安放在「木馬」上，「木馬」被放在傳送軌道或傳送帶上，由捲揚機鋼索緩緩牽動。受過訓練的組裝工人，每個人只須完成一項簡單的任務，隨工件移動，時而行走，時而「乘坐」，按程序進行整車的裝配。而汽車零部件則按領班和管理人員控制的速度送給工人。這就是如今盡人皆知的「流水線」。在當時，這可是獨樹一幟。

福特聘請了當時最著名的建築設計師阿爾伯特·卡恩（Albert Kahn），專門設計並建造了高地公園（Highland Park）工廠。經過不斷的試錯，1913 年 8 月，「流水線」大批量生產方式正式投入運行。裝配一輛 T 型車整車所耗費的時間就從原來的約 12.5 小時縮短為 5 小時，

1925 年 10 月又降至驚人的 10 秒鐘。流水線生產方式使福特公司的汽車產量從 1908 年的 6,158 輛猛增到 1917 年的 815,931 輛，10 年間成長 130 倍。

每輛 T 型車的成本和售價也相應的大幅下降，售價從 1910 年的 780 美元，降至次年的 690 美元，到 1914 年已降至 360 美元。1923 年，一輛 T 型車售價降到了 265 美元。這個價格已經夠低的了，已經在很多人的購買力之內。

然而，福特還不滿足。1914 年，他把自己工人的薪酬提高了一倍，在福特公司實行 5 美元／日的薪資制。這在很廣的範圍內帶動了一次加薪風潮。與此同時，另外一個效果顯現出來——想想看，只要花費 3 ～ 4 個月的薪水，就可以買一輛全新的 T 型車！事實上，相當大的一部分增發的薪酬，又以購買 T 型車的方式，回到了福特的腰包。狡猾的福特用這一招「欲擒故縱」，為汽車的大眾消費運動發揮了推波助瀾的作用。T 型車真正做到了走入尋常百姓家。

1921 年，T 型車產量已占到世界汽車產量的一半以上。從 1908 年第一輛 T 型車面世到 1927 年停產，T 型車的銷售數量多達 1,500 萬輛。福特流水線成為標準化產品的機械化生產的代名詞。

（2）啟示

個性決定創新

在創新的研究中，創新者的個性往往被忽視了。然而，創新在很大程度上是一種創新者的心理活動，是個性的結果。在 T 型車的創新過程中，福特的個性扮演了重要角色。甚至可以說 T 型車的創新在一定意義上就是福特個性的展現。福特的個性表現在節儉、樸素、實用、大眾化等方面。他生於農家，長期做工，具有百分之百的當時普通人的價值觀念。恰恰是這種價值觀孕育出了福特頗合時宜的汽車創新理念。這就是

汽車要造得「更多、更好、更便宜」。福特曾不只一次表達他的這一理念：「我將為廣大的民眾生產汽車。它將大得足以供家庭使用，同時又小得足以讓一個人駕駛和保管。它將用最好的材料製造，由最好的工人製造，根據現代機械能提供的最簡單的設計製造……但它的價格將如此低廉，讓任何一個有一份好工作的人都能擁有一輛，並和他的家庭在上帝展示的龐大空間裡享受美好的時光。」最終，他製造出了「讓農夫們不再存有戒心的車子（就在幾年前，鄉下人還會設置路障，不讓汽車通過）」。他還建立了一個遍布各地的經銷商網絡，「讓即使邊遠地區的美國人也能像買雙雨靴那樣容易的買到 T 型車」。

　　個性決定創新的例子，在產業界一而再再而三的出現。在中國，史玉柱的巨人王朝、馬雲的阿里帝國都是他們個人性格的外在表現。在西方，百年老店的誕生也往往和創始人的性格息息相關。對此，我們不能不對產業革命中的典型人物的性格進行深入研究，以更加準確的揭示這一過程中創新活動的內涵。

產業創新需要突破性思維

　　在產業層面的創新，需要原始思考模式的突破性，這往往需要在原理、技術、方法等某個或多個方面實現重大變革。當其他廠家依然靠手工生產汽車時，福特創造性的將「流水線」的概念付諸實施，改革了工業生產方式。他用動態模式取代了靜態模式，把連續生產和自動化、專業化生產集中在一起，形成流水線的裝配作業。這既降低了成本，也推動了汽車產業的進步，美國進入了汽車普及時代。

（3）影響

工業生產方式的變革

　　流水線裝配模式被稱為「福特生產方式」或「福特主義」。流水線

裝配模式的方法對美國乃至全世界的商業規範產生了地震般的衝擊，迅速席捲了工業化世界。Ｔ型車為汽車工業的技術發展選定了模式。福特讓汽車從「貴族」變成了「平民」，這是製造業中的偉大變革，是從手工工廠工業向機器工業邁進過程中關鍵的一步。「福特製」的汽車生產模式不僅為公司自身創造出了滾滾利潤，更重要的是為年幼的工業經濟開闢了一條大規模生產的新路，改變了整個社會的經濟結構和產業形態。美國借助於汽車產業的技術創新，開始建立現代化的工業大生產方式，並在最短的時間內把最新的科學技術轉變為相聯產業廣、工業技術波及範圍大的綜合性工業，同時又在生產過程中不斷創新、發明和改進。

汽車市場的大眾化需求覺醒

Ｔ型車成了真正的大眾消費品。[1] 在對經濟結構和產業形態帶來重大變革的影響上，福特汽車公司創造了一個龐大的永久性汽車市場，帶動了全球汽車產業的發展。1999 年第 11 期《財富》評選亨利·福特為「世紀商業巨人」，並稱「他是我們所見到的最偉大的企業家。他創造了一個龐大的市場，並且知道如何滿足這個市場的需求」。福特公司直接造就了千千萬萬的有車階級，促進了美國中產階層數量的不斷膨脹。他創造了一個大眾消費的社會，這在當時還是一個全新的觀念，而在今天，已經成為美國經濟的一個突出特點。

四、文化創新

文藝復興是發生在西元 14 世紀到 16 世紀、起源於義大利、後來遍及歐洲的一次重大的新文化運動。在這一時期，歐洲的古典學術得以復

1　曹東溟，關士續·美國汽車產業技術創新史上的三個案例 [J]·科學技術與辯證法，2005，22(2):105-108.

興，文學、哲學、藝術等領域再一次達到難以企及的高峰，並創造出令人驚嘆的成就。與此同時，歐洲的生活水準得到大幅提升，教育得到重大的發展，自然科學也產生極大的進步。

（1）過程

西歐的中世紀是個特別黑暗的時代。天主教教會成為當時封建社會的精神支柱，它建立了一套嚴格的等級制度，把上帝當作絕對的權威。什麼文學、什麼藝術、什麼哲學，一切都得按照基督教的經典《聖經》的教義，誰都不可違背，否則，宗教法庭就要對他制裁，甚至處以極刑。在教會的管制下，中世紀的文學藝術死氣沉沉，萬馬齊暗，科學技術也沒有什麼進展。黑死病在歐洲的蔓延，加劇了人們心中的恐慌，使得人們開始懷疑宗教神學的絕對權威。

在中世紀的後期，資本主義萌芽在多種條件的促生下，於歐洲的義大利首先出現。資本主義萌芽的出現為思想運動的興起提供了可能。城市經濟的繁榮，使事業成功、財富龐大的富商、工廠廠主和銀行家等更加相信個人的價值和力量，更加充滿創新進取、冒險求勝的精神，多才多藝、高雅博學之士受到人們的普遍尊重。這為文藝復興的發生提供了深厚的物質基礎和適宜的社會環境。人們開始追求文學藝術的繁榮昌盛。

14 世紀末，由於信仰伊斯蘭教的鄂圖曼帝國的入侵，東羅馬的許多學者帶著大批的古希臘和古羅馬的藝術珍品和文學、歷史、哲學等書籍，紛紛逃往西歐避難。後來，一些東羅馬的學者在義大利的佛羅倫斯辦了一所叫「希臘學院」的學校，講授希臘輝煌的歷史文明和文化等。這種輝煌的成績與資本主義萌芽產生後人們追求的精神境界是一致的。在古希臘和古羅馬，文學藝術的成就很高，人們也可以自由的發表各種學術思想，這與黑暗的中世紀形成了鮮明的對比。於是，許多西歐的學

者要求恢復古希臘和古羅馬的文化和藝術。這種要求就像春風，慢慢吹遍整個西歐。文藝復興運動由此在各個領域興起。

　　在文學領域，各地的作家都開始使用自己的方言而非拉丁語進行文學創作，帶動了大眾文學，各種語言注入大量文學作品，包括小說、詩歌、散文、民謠和戲劇等。在義大利，文藝復興前期出現了「文壇三傑」。但丁一生寫下了許多學術著作和詩歌，其中最著名的是《新生》和《神曲》。佩脫拉克（Petrarca）是人文主義的鼻祖，被譽為「人文主義之父」。他第一個發出復興古典文化的號召，提出以「人學」反對「神學」。佩脫拉克主要創作了許多優美的詩篇，代表作是抒情十四行詩詩集《歌集》。薄伽丘（Boccaccio）是義大利民族文學的奠基者，短篇小說集《十日談》是他的代表作。在法國，文藝復興運動明顯的形成兩派，一是以「七星詩社」為代表的貴族派，二是以拉伯雷（Rabelais）為代表的民主派。拉伯雷是繼薄伽丘之後傑出的人文主義作家，他用 20年時間創作的《巨人傳》是一部現實與幻想交織的現實主義作品，在歐洲文學史和教育史上占有重要地位。在英國，代表人物有湯瑪斯·摩爾（Thomas More）和莎士比亞（Shakespeare）。湯瑪斯·摩爾是著名的人文主義思想家，也是空想社會主義的奠基人。西元 1516 年他用拉丁文寫成的《烏托邦》是空想社會主義的第一部作品。莎士比亞是天才的戲劇家和詩人，他與荷馬（Homer）、但丁（Dante）、歌德（Goethe）一起，被譽為歐洲劃時代的四大作家。他的作品結構完整，情節生動，語言豐富精練，人物個性突出，集中的代表了文藝復興時期文學的最高成就，對歐洲現實主義文學的發展有深遠的影響。在西班牙，最傑出的代表人物是塞凡提斯（Cervantes）和維加（Vega）。塞凡提斯是現實主義作家、戲劇家和詩人。他創作了大量的詩歌、戲劇和小說，其中以長篇諷刺小說《唐吉訶德》最著名，它對歐洲文學的發展產生了重大影響。

　　達文西是義大利文藝復興時期的一位多項領域博學者，他同時是建

築師、解剖學者、藝術家、工程師、數學家、發明家，他無窮的好奇與創意使得他成為文藝復興時期典型的藝術家，而且也是歷史上最著名的畫家之一。同時，他也是義大利文藝復興時期最負盛名的美術家、雕塑家、地理學家、科學家、文藝理論家、大哲學家、詩人、音樂家和發明家。正因為他是一個全才，所以他也被稱為「文藝復興時期最完美的代表人物」。壁畫〈最後的晚餐〉、祭壇畫〈岩間聖母〉和肖像畫〈蒙娜麗莎的微笑〉是他在繪畫領域的三大傑作。此外，米開朗基羅的〈創世記〉和〈末日審判〉也是傑出的代表。

　　基於對中世紀神權至上的批判和對人道主義的肯定，建築師希望借助古典的比例來重新塑造理想中古典社會的協調秩序。所以，一般而言，文藝復興的建築是講究秩序和比例的，擁有嚴謹的立面和平面構圖以及從古典建築中繼承下來的柱式系統。作為其中的傑出代表，米開朗基羅並不是一個專業的建築師，而是一個偉大的雕塑家。而正因為這一點，他避免了過分糾纏於比例之中的弊端，而從一個雕塑家獨特的立體視角來提煉建築。他利用各種手法，比如破壞均衡，或者是利用狹長的走道或者柱廊，來達到一種感動人心的建築效果，而對於是否符合嚴格的古典比例卻不是很在意。例如，用於聖彼得大教堂的巨柱，便是他將普通柱式拔高幾倍而得到的。此外，他的〈哀悼基督〉和〈大衛〉也是舉世聞名的雕塑作品。

　　在其他的領域，復興運動也在廣泛的發生。

　　在天文學領域，波蘭天文學家哥白尼出版了《天體運行論》，在其中提出了與托勒密（Ptolemaeus）的地心說體系不同的日心說體系。義大利思想家布魯諾（Bruno）在《論無限性、宇宙和諸世界》、《論原因、本原和統一》等書中宣稱，宇宙在空間與時間上都是無限的，太陽只是太陽系而非宇宙的中心。伽利略發明了天文望遠鏡，出版了《星界信使》、《關於托勒密和哥白尼兩大世界體系的對話》。德國天文學家

克卜勒（Kepler）透過對其老師、丹麥天文學家第谷（Tycho）的觀測資料的研究，在《新天文學》和《世界的和諧》中提出了行星運動的三大定律，判定行星繞太陽運轉是沿著橢圓形軌道進行的，而且這樣的運動是不等速的。

代數學在文藝復興時期也獲得了重要發展。義大利人卡丹諾（Cardano）在他的著作《大術》中發表了三次方程式的求根公式，但這一公式的發現實應歸功於另一學者塔爾塔利亞（Tartaglia）。四次方程式的解法由卡丹諾的學生費拉里（Ferrari）發現，在《大術》中也有記載。三角學在文藝復興時期也獲得了較大的發展。

在物理學方面，伽利略透過多次實驗，發現了落體、拋物體和振擺三大定律，使人對宇宙有了新的認識。他的學生托里切利（Torricelli）經過實驗證明了空氣壓力，發明了水銀柱氣壓計。法國科學家帕斯卡（Pascal）發現了液體和氣體中壓力的傳播定律。英國科學家波以耳（Boyle）發現了氣體壓力定律。

此外，在生理學、醫學、地理學、印刷術等領域，歐洲都獲得了長足的進步。

（2）啟示

創新必須要有傳承

文藝復興所獲得的成就是建立在對古希臘、古羅馬文化的繼承和發揚的基礎上的。正如牛頓所說：「如果說我看得更遠一點的話，那是因為我站在巨人肩膀上的緣故。」任何創新，都需要繼承前人的成果——這包括科學發現、技術進步、產業變革、制度革新，當然，也包括文化藝術領域的進步。

人類已經有超過五千年的文明史，不論是東方的四大文明古國，還是西方的古希臘、古羅馬、迦太基文明，以及美洲大陸的印加、馬雅、

阿茲特克文明，都創造並累積了燦爛、豐富的文化。文藝復興名義上倡導的是恢復古希臘、古羅馬的榮光，可實際情況是，當時的資產階級還沒有自己的一套文化體系與教會抗衡，而古希臘、古羅馬文化中的一些崇尚自由、理性的思想也被新興資產階級所認可，所以他們以復興古希臘、古羅馬文化為旗號，實際上宣揚資產階級的文化主張，指出應以人為中心而不是以神為中心，肯定人的價值和尊嚴，倡導個性解放，反對愚昧迷信的神學思想。這就是以繼承為基礎的文化創新。其中，在繪畫、雕塑、建築、文學等人文社會科學領域，都產生了大量的延續性創新，甚至突破性創新。而在醫學、生理學、地理學等自然科學領域，顛覆式創新更是層出不窮。

作為一次以復興傳統的名義進行創新的運動，文藝復興並不是第一次，肯定也不是最後一次。然而，為什麼要這樣？為什麼不能直截了當、旗幟鮮明的打出「文藝創新」甚至「文藝革命」的旗號？在人類的發展史上，我們總是能看到阻擋進步的力量——反對先進，反對民主，反對自由，甚至反對文明本身。很多時候，要想和這些力量硬碰硬是不明智的。最好的辦法就是走迂迴路線，以「回歸傳統」的名義，展開實質上的創新。這種辦法本身也算是一種創新。

文化領域的顛覆式創新更需要人的個體的創新思維

文化活動和其他領域的活動的一個重要區別在於，文化活動更多的依賴於從業者的個體腦力活動，跟創意緊密的結合起來。相比而言，科學、技術、產業、制度領域的創新活動更多的依賴物質資源的投入，例如儀器儀表、機械設備、工具方法、大規模流水線等等。因此，文化領域的創新也就更依賴人的個體的創新思維，包括創造性思維、批判性思維、整合性思維。

在達文西創造〈蒙娜麗莎的微笑〉的時候，那一抹神祕的笑容究竟

從何而來？最初的靈感究竟是如何生成的？在歷史上，從來沒有一個繪畫作品能向大眾展示這麼攝人心魄的微笑。這一創新的來源是什麼？其過程又是怎樣的？這種創新的基礎——作者的神經活動——究竟是怎麼樣的？這一切問題，最終都指向創新者的個體思維。

牛頓提出萬有引力定律，據說是由於坐在蘋果樹下，被一個熟透了的蘋果掉下來砸到腦袋的緣故。這一說法究竟是否屬實姑且不論，這個故事的內涵的確是引人深思的。創新者的靈感的來源，永遠是值得研究的問題。

創新需要百花齊放

在人類歷史上，有過若干次的思想大碰撞、文化大發展的時代。在西方，古希臘時代見證了哲學思想的大躍進，文藝復興時代見證了人文藝術以及自然科學的大發展；在東方，春秋戰國時期也出現了諸子百家彼此詰難、相互爭鳴的盛況空前的局面。越是在這樣的多樣化思想盛行、爭論遍地開花的時期，思想的碰撞才越發的直擊要害，才越有可能迸發出突破式創新的絢爛火花，包括亞里斯多德（Aristotle）的原始的唯物主義思想、達文西的蒙娜麗莎的微笑，以及孔子的仁義禮智信。

（3）影響

建構了一種新文化 [1]

一場偉大的思想文化運動在思想領域裡的重大意義，莫過於建構一種新的文化並促進當時社會的發展。文藝復興是人類歷史上文化領域從沒有經歷過的最偉大的、進步的創新。文藝復興首次充分的展現了自我，其所提倡的「人」的因素構成了歐洲近代思想的基礎。文藝復興的仁人志士以各種文學藝術和科學研究的形式，讚美人生和世俗生活，主

1　楊賀男，唐偉．文藝復興啟蒙精神及其歷史定位 [J]．江西社會科學，2010, (7): 167-170.

張放棄追求虛幻的天堂，蔑視來世主義和禁欲主義，以人道反對神道，以人性反對神性，進而推翻了中世紀神權與封建制度的權威，開始解除中世紀宗教或者上帝對個人絕對自由的約束，建設一種以個人主義為基準的追求理性、平等、自由的新文化，為現代意義的「人」的誕生提供了前提。

促進了歐洲主要國家社會制度的轉變

在社會面臨生存困境的大轉折時期，能否正確的認識「人」直接關係到社會發展的方向。文藝復興從人的角度出發來闡釋政治信仰，為新興的資產階級革命提供了理論學說；提倡探索人和自然界的奧祕，追求科學真理，也為近代自然科學的大發展打下了堅實的基礎；否定封建貴族特權，鄙視門第，譏諷和抨擊教會僧侶的愚昧無知，實現了思想文化領域的偉大變革，為資產階級登上政治舞臺做了思想文化上的準備。歐洲主要國家的社會制度由封建主義轉入資本主義時代，文藝復興的啟蒙精神在此前做出了不可估量的重大貢獻。

推動了社會生活方式的變革

文藝復興時期，義大利人摒棄了傳統文化中那種克制己欲、希冀來世、崇信教會的生活觀，樹立起新的社會生活觀念。他們蔑視教會，懷疑宗教說教，否認門資，重視教育，強調個性發展，肯定財富和職業成就，極力追求塵世的幸福。人們的生活方式和價值觀念都經歷了急遽的變革，這使得整個社會的風氣、風尚、生活方式、個人行為舉止有了很大的改變。一方面，城市生活呈現出一種充滿活力的新風貌。城市居民對現世美好生活表現出了極大的熱情，富裕的城市工商業者在城市政治生活與文化生活中發揮了主導作用，他們為了現世的利益和享樂而勤奮勞動著，而不是像中世紀那樣為了靈魂的得救和來世的幸福才勞動。另

一方面，文藝復興時期的家庭生活發生了變化。教育從被壓制轉化成由權威來進行，婚姻觀念被男子的個人成功奮鬥和晚婚觀念所取代。這一切都是在啟蒙精神引領下表現出的社會生活的諸多嶄新特性。人類的社會生活也由此進入了一個新紀元。

五、體制創新

西元 1688 年，英格蘭的資產階級和新貴族迎立信奉新教的詹姆士二世（James II）長女瑪麗二世（Mary II）和女婿威廉三世（William III）（奧倫治親王）為英國的女王和國王。西元 1689 年，英國議會通過具有重大影響的《權利法案》，實現了資產階級和新貴族長期追求限制王權、議會至上的目標，使政權的重心在保留君主的表象下轉向議會。這象徵著英國確立了君主立憲的政體，實現了傳統政體向現代政體的轉變。這在當時深刻的影響了英國乃至世界的政治制度現代化發展趨勢，是體制上的一大創新。

（1）過程

英格蘭的君主立憲制的建立有著非常深厚的政治、社會和經濟背景。

西羅馬帝國滅亡之後，整個西歐在很長一段時間裡，頻繁的遭到外族的入侵，「這個時候，人們會熱烈希望出現一個平息天下的君主。」[1] 恩格斯（Engels）曾說：「在這種普遍混亂的狀態中，王權是進步的因素。」[2] 英國王權就是在這種普遍混亂的狀態中建立起來的。自諾曼征服以來，英王就一直保持對全體居民的直接權力和對地方的有效控制。特別是經歷了中世紀的政府機構改革，王權得到極大的加強，國王在議會

1　基佐 · 歐洲文明史 [M] · 北京：商務印書館，199:52-53.
2　馬克思恩格斯全集：21 卷 [M]. 北京：人民出版社，1965:453.

中占據主要地位。然而，隨著資本主義的發展和資產階級新貴族參政意識的增強，下院的獨立意識逐漸加強，王權盡量限制議會，而議會則力圖掙脫一切限制，議會與王權的爭鬥開始展開。

伊莉莎白（Elizabeth）統治晚期，王權已有衰落趨勢。詹姆士一世（James I）即位後，不能容忍資產階級的日益壯大和獨立性的增強。但是詹姆斯一世卻長期被財政問題所困擾，只能召開議會，要求批准增加新稅。議員們無視國王的徵稅要求，著重討論議會特權問題，批評國王的內外政策，導致詹姆斯一世兩度解散議會。查理一世（Charles I）即位後，專制統治有增無減，屢次解散議會。議會為了維護自己的合法權益，於西元 1628 年向國王提出《權利請願書》。為了換取議會撥款，查理一世被迫簽署該法令。可是，西元 1629 年他又下令解散議會。西元 1640 年 4 月，為籌集軍費對付蘇格蘭人民起義，查理一世再次召開了長期關閉的議會。但議會沒有滿足國王的要求，反而大肆抨擊政府暴政，國王無奈在 5 月立即解散議會（史稱「短期議會」）。隨著蘇格蘭軍隊的再次進攻，英格蘭軍隊的節節敗退，查理一世進退維谷，在西元 1640 年 11 月重新召集議會（史稱「長期議會」）。這一次，議會顯示了空前的革命性，決議處死查理一世的兩個寵臣，向國王公開挑戰，王權受到嚴重的削弱。查理一世不甘心失去權力，率領衛隊闖入下院，首先用武力對付議會。國王與議會的爭鬥開始訴諸武力。

隨著議會與王權矛盾尖銳化，內戰終於爆發。議會形成了三大派別：代表大資產階級和大貴族利益的長老派，代表中等資產階級和新貴族利益的獨立派，以及代表城鄉小資產階級利益的平等派。內戰初期，長老派控制了議會軍的領導權，他們態度曖昧，希望能在國王做出讓步的情況下與其言和，致使戰場上議會軍處處被動。議會軍廣大官兵對長老派妥協的態度極為憤慨，較為激進的獨立派和平等派與長老派展開了一系列爭鬥。西元 1645 年，議會通過《自抑法》改組軍隊，組建「新模範

軍」，克倫威爾（Oliver Cromwell）擁有實際上的指揮權。透過納斯比荒原戰役打敗了王黨主力，獲得了第一次內戰的勝利。

　　第二次內戰期間，長老派仍堅持與查理一世談判，要他在接受條件後復位，士兵和下層人士對此強烈不滿。透過「普萊德清洗」，克倫威爾控制了議會。在平等派的推動下，西元 1649 年，克倫威爾採取了斷然措施，把國王作為「暴君、叛徒、殺人犯和我國善良人民的敵人」送上斷頭臺。之後，又宣布廢除上院，實行一院制，以法律的形式宣告英吉利共和國的成立，舊的上層建築被推翻，新的資產階級上層建築得以建立。

　　共和國建立後，克倫威爾自封為護國公，實行軍事獨裁，居於統治地位的獨立派開始扼殺革命的發展。克倫威爾死後，英國各種勢力處於對抗狀態。各階級階層和利益集團圍繞著王權的歸屬展開了激烈的爭鬥。資產階級和新貴族渴望建立一個強有力的政權，遏制人民的爭鬥和保護他們既得的利益。在這種情形下，西元 1660 年，資產階級和新貴族與國王達成了妥協——斯圖亞特王朝復辟。重新上臺的詹姆士二世非常反動，他不僅要恢復舊制度，並要恢復早被亨利八世（Henry Ⅷ）拋棄了的天主教。

　　新貴族與資產階級為了既除掉詹姆士二世，又避免一場新的群眾爭鬥，便與部分封建土地所有者妥協，發動了西元 1688 年政變（即「光榮革命」），迎立詹姆士二世的女兒瑪麗及其丈夫、荷蘭的執政奧倫治親王威廉，實行雙王統治，即瑪利二世和威廉三世。隨後，西元 1689 年議會通過《權利法案》，規定了議會的權力和國王的權限，如未經議會同意，國王不得任意下令廢止法律，不得任意徵稅，不得任意招募軍隊、維持常備軍等。可見，它對國王服從憲法、依法而治以及由資產階級掌握立法權方面，規定是明確、完備而且系統的，毫無妥協的餘地。在立憲制度下，君權被大大削弱。這樣，終於確立了國會至上的原則，國王

手中僅剩下了行政權，而且這種權力越來越多的交給日益完備的內閣。

這樣，西元 1688 年的政變就在英國確立了有限制的君主制，威廉三世和瑪利二世就成了英國歷史上最早的立憲君主。王權逐漸受到議會的制約，議會高於王權的原則也逐漸得到了確立。

（2）啟示

體制創新必須適應經濟基礎

英國革命最終以君主立憲制的確立而告終，是由當時的經濟基礎決定的，是合理選擇的結果。英國資產階級革命爆發前，資本主義生產關係已深入英國農村，商品經濟有了很大發展。但是，不能過分誇大當時英國工業的發展水準。一般來說，在資本主義手工工廠發展階段和工業革命初期階段，在經濟上，資產階級主要是剝削絕對剩餘價值。那時還沒有先進的技術及科學的管理制度。工人與資產階級矛盾加劇，再加上資產階級本身力量有限，因此，資產階級在政治上傾向於立憲。也就是說，英國實行君主立憲制，是由當時的經濟基礎決定的。如果超越了這種經濟基礎，其選擇結果是不會長久的。所以，英國政體幾經反覆，經歷了共和政體、軍事專制、王權復辟，最後確立了君主立憲制，其中共和制只存在了近十年便面臨危機，其中的原因之一就是這種共和制缺乏足夠的社會經濟基礎。舊式君主制和共和制失敗之後，英國的政體沿著「否定之否定」的邏輯走向了君主立憲。

君主制的保留是由英國當時的客觀實際決定的。君主立憲制符合 17 世紀英國的國情，代表了社會各階層的利益，具有最好的經濟基礎。

體制創新必須適應歷史文化傳統

君主立憲制在英國的確立，受民族心理二重性衝突的影響很大。英國的封建制度是「一切從頭做起的」，是從盎格魯 - 撒克遜的氏族公社制

度直接過渡來的。早期國王都幾乎僅是軍事酋長，只是隨著封建制度的確立，「部族的私人的王權才漸漸發展成領域的系統的王權」。與法國不同，英國的法律基礎不是古代的羅馬法，而是日耳曼人的習慣法。習慣法是民眾的慣例，要在法庭中宣布，並代代傳下去。因此英國法律具有廣泛的民眾性。儘管盎格魯 - 撒克遜時期諸王國也曾編定法典，但它不是由國王單獨制定的，而是與貴族議會共同討論制定的，或只是收集前人各種法律經討論加以整理，然後頒布施行。這是英國「王在法下」或法律高於一切的根源和發端。威廉一世（William I）不得不入鄉隨俗，在西元 1066 年加冕禮中宣誓尊重英國的古老法律。後來的亨利二世（Henry II）注重法治，使英國人尊重法律，使法治觀念深入人心。約翰王（John）也被迫簽署了「大憲章」，展現了英國習慣法的法治傳統，君主與臣民都要受習慣法的約束。

　　與後來的法國資產階級革命、美國的獨立戰爭不同，英國國會從早期從屬於王權，到後來限制、監督王權以致最後《權利法案》中議會高於王權的原則，經歷了幾百年的演變過程。英國國民尤其是資產階級和新貴族的利益，儘管長期受到封建統治的侵害，但由於與王權長期的聯盟關係，形成了很深的王權政治觀念，仍然強烈的「依戀著君主制和舊的憲政傳統」。這種歷史傳統使上至達官貴人，下至平民百姓，幾乎人人都有「君主至上」的思想，同時又根深蒂固的樹立起君主要受法律約束與議會限制的觀念。這正是 17 世紀革命中，資產階級和新貴族的種種憲政嘗試失敗後選擇君主立憲制結局的歷史淵源。這種符合實際情況的選擇，與當時人民的承受力相稱，從此「在英國才開始了資產階級社會的重大發展和改造」。用法國革命徹底的民主共和結局、美國獨立戰爭的聯邦共和結局來強求英國革命，是不切實際的。與其他領域的創新相比，必須更加緊密的符合社會、文化、傳統等實際情況，這是體制／制度創新的一大特點。

　　事實上，革命開始時，資產階級的各個階層和派別，基本上都是君主立憲派，幾乎沒有人從一開始就提出共和制，只不過隨著爭鬥的激化，到了不廢除王權就不能保衛自己獲得的革命成果時，共和國的口號才真正被提出，並得到一部分人的支持。而當這個「沒有國王和上院」的一院制共和國在「還沒有形成一個能發揮領導作用的有效政府的輪廓」時就過早誕生的時候，它與社會和時代的不相適應性很快表現出來，共和政體難以維繫。從當時的社會反應來看，真正仇視君主立憲制的只有冥頑不化的封建派，而主張立憲的人卻得到了廣大人民群眾的支持。

　　英國民族的心理是實行君主立憲制不容忽視的因素。到革命後期，一方面，人人心中逐步形成一種想法，那就是：議會執掌無所不包的權力，這是合乎法律的，而且是所必需的；另一方面，一個賢明善良的君主仍被認為是人民的幸福。英國曾流行這樣的名言：「當國王在白金漢宮時，全國人民睡得更安靜更和平。」英國資產階級也是如此，在一般情況下，他們是十分尊敬國王的。「沒有國王就沒有議會」的傳統思想頗為頑強。只有當其侵犯他們的財產時，他們才會奮起反對。這種尊崇王室的心理在歐洲各國也是普遍的。

　　國王依法統治國家，以民族利益的代表行使權力，而人民在尊重法治的傳統下服從國王統治；當社會經濟發展，人們從中得到實惠時，人民很容易將此視為皇室的恩澤，使得忠君思想具有更加濃厚的精神基礎。君主制的保留是由英國傳統決定的。君主立憲制考慮了當時英國人民的心理承受力。因而可以說，君主立憲制是英國資產階級和新貴族在當時的歷史條件下做出的最佳選擇。

（3）影響

英國的國家實力增強

英國王室在實現民族意志、維護國家統一、發展社會經濟等方面做出過傑出貢獻。在君主立憲制確立之後，英國社會長期動盪不安的局勢就穩定下來。此後，英國再也沒有發生過革命。政局穩定成為近代英國的一個重要特徵。英國的國家實力迅速增強。隨著政治制度的完善，在不久以後的 18 世紀中葉，英國就率先發生了工業革命。科學技術的革新推動了生產力的發展。「英國的優勢地位在 18 世紀歸於優越的政治制度」。君主立憲制使英國在世界工業化的過程中獨領風騷，獲得了輝煌的成就。英國從此以後憑藉強大的艦隊和雄厚的經濟實力瘋狂對外擴張，投入的戰爭包括第一次鴉片戰爭、第二次鴉片戰爭、八國聯軍侵華等。到 20 世紀初，英國的勢力範圍已擴展到占全球陸地面積的四分之一和世界人口的四分之一，成為不可一世的「日不落帝國」。

君主的偶像作用確立

英王作為國家元首，終身任職，王位由皇家內部自主延續。國王不屬於政黨，不偏向任何黨派。君主雖高居權力之巔，但只是一個偶像，英王極少捲入政治黨派爭權奪利的爭鬥。英王是「政治體制中扎根很深的遏制機器的組成部分」，「能在出現衝突和危機的情況下發揮強大的影響」。按照英國政治學家的權威性表述，女王有被諮詢權、鼓勵權和警告權。當政治爭鬥發展到引起政府危機時，英王能夠充當仲裁人，產生恢復民主程序、穩定政局的作用。而在對外擴張的時候，英王又扮演著偶像的角色，成為英國海外軍隊這部龐大機器投入戰爭的強大推動力和精神支柱，「為女王陛下而戰」成為英國軍人至高無上的榮譽。

對各國社會變革的示範作用

17 世紀率先發生於英國的資產階級革命，是人類社會上一次重要變革。其建立的君主立憲制，是人類歷史上政治體制的一次重要創新。自此，法國、美國等西方國家資產階級革命相繼展開，建立了各種形式的資本主義民主國家。在亞洲，日本面對西方列強的侵略，效仿英國建立了一個二元制的君主立憲國家，使其迅速成長為資本主義強國。英國的君主立憲制對西方國家的社會變革產生了極大的推動作用。對於清末中國這樣的第三世界國家，英國用堅船利炮打開中國國門，促使憂國憂民的中國士大夫開始重新審視清政府，對中國社會變革產生了重大的影響。清末出現了兩次立憲高潮，即「戊戌變法」和「清末新政」。

第二章

技術的進步：從刀耕火種到數位革命

　　今天的人在談論創新的時候，往往指的是那些能夠提高產品品質或者改善生產工藝的活動，而這又會必然導致社會福利的提升。今天的企業或個人在面對創新的技術的時候，往往抱著一種想法：這個技術能否投入生產活動、並且帶來價值？如果是，那麼這種創新的技術就很有可能受到關注（往往是投資）。

　　不過，對於幾百、幾千甚至幾萬年前的我們的祖先來說，他們的生產活動可能還沒有跟生活活動那樣涇渭分明，也就難以把一種創新的技術投入所謂的「產業化」。更多的，他們依靠的是自己的本能——一開始是生物的本能，後來則是社會活動的本能。

第一節　解放體力：石器，火

一、石器的出現——最早的技術創新

　　很久以前，東非的古猿還在茹毛飲血，過著平靜的生活。平時的食物主要是野果、樹葉。雖然靠這些花花草草來填飽肚皮是綽綽有餘的，然而這些古猿更嚮往的還是羚羊、角馬的肉，那可是難得的美味。靠獅子捕獵留下的殘羹冷炙儘管是有可能的，但畢竟不那麼現實。要依靠自己族群的力量，捉到和殺死一頭羚羊或角馬，那可是一件很傷腦筋的事情，往往要出動整個族群的古猿，花上大半天的時間，而且大多數時候還是勞而無功。就算運氣好，終於能夠享受一頓饕餮盛宴，但是這些珍貴的肉常常緊緊的貼在骨頭上，或者被夾在骨頭之間的細細的縫隙中。弄到一頭獵物畢竟是很不容易的。古猿們總是希望用指尖把每一塊肉都摳出來，失去耐心的時候就會用拳頭狠狠的砸那些堅硬的骨頭，希望獲得每一塊肉，還有骨頭裡的妙不可言的骨髓。然而，古猿畢竟不是獅子，沒有那麼鋒利的爪子，也沒有那麼強有力的下顎骨和咀嚼肌。不論

多麼努力，有時還把手弄得骨折了，可還是有很多肉、骨頭明明擺在那裡，卻就是沒法吃到。寶貴的佳餚就這麼被浪費了。

大約數百萬年前的一天，一隻古猿（姑且稱之為甲）在偶然間發現，對付這些難啃的骨頭，不光可以用自己的手，而且還可以找到幫手——石頭。沒錯，遍地都有的石頭。一開始，古猿在使用石塊的時候很可能是沒有方向性的，只要用石頭的任何一個部位往下砸，把相連的兩塊骨頭敲開或者把一塊骨頭砸裂就行了。到後來（可能是數十萬年或數百萬年之後），另一隻古猿乙在偶然間發現，有鋒利邊緣的石塊或石片更好用，用它們的邊緣來砍或者切骨頭會省力得多，事情也就變得更加容易。這時候，生物的本能發揮作用，這些古猿（甲或乙）覺得這樣做似乎沒什麼不好，於是堅持這樣做了下去，並且把這種做法告訴了更多的古猿：「嘿，你們看，這樣做真的很省力！」透過這樣原始的技術擴散活動，越來越多的古猿逐漸學會了這種辦法。就這樣，石器時代終於到來了。

在今天的人眼裡看來這麼簡單的一件事，在數百萬年前的古猿界可是一件開天闢地的大事。這意味著古猿透過「創新」，學會了使用工具，也在技術上比過去更加先進。今天的學術界用「技術創新」（technological innovation）來描述新產品、新過程、新系統和新服務的首次應用。對於創新的研究主要是從技術開始的。古猿運用石頭，本質上就是透過一定的技術方法幫助他們更加有效的攝取肉和骨髓，方便他們的生活，提高生存的機率。這就是最早的技術創新。

但是，究竟是古猿甲還是乙，是哪隻實施了最早的技術創新的古猿，從而開創了偉大的石器時代？這一點仍然存在疑問。考古學家已經發現了後者的蛛絲馬跡。它們在 340 萬年前的動物骨頭上發現了石刃砍鑿的痕跡，於是宣稱這是石器時代的起點。然而這是很可疑的。在我看來，進入石器時代的象徵不應該是使用薄薄的精巧的石片，而是使用

那些看上去更粗糙的、笨拙的、沒有鋒利邊緣的石塊。畢竟，不論看起來比石片多麼的笨拙和粗陋，只要它具有一定的功能（砍、砸），可以滿足古猿的需求（解決骨頭和肉的問題），石塊都足以被稱為最早的工具，也就是最早的人類技術創新的成果。只不過，在今天的我們看來，一個很大的問題就是，使用這樣的石塊，在動物骨頭上很難留下什麼容易辨識的痕跡。一隻強壯的古猿，用盡力氣把這麼一個石塊砸下去，把羚羊的腿骨砸成兩段，在今天的考古學家看來，這根腿骨就是不幸的羚羊在急速奔跑中不小心自己折斷的，很難說有什麼考古學意義上的新發現。相比較而言，石片砍鑿容易留下一個一個的凹痕，因而是更容易辨認的，更具有考古學意義。

問題就在於，現在的考古學家們還能找到當初被古猿使用的一個一個的沒有稜角的粗糙石塊嗎？顯然，在廣袤的東非大草原和壯觀的大裂谷，這樣的石塊俯拾皆是，數以億計。難道把每一個石塊都做一次科學檢查和鑑定，看看上面是否殘留了古猿的毛髮或者羚羊的血液？顯然不可能。當然還有一種辦法，就是把搜尋範圍縮小到古猿的洞穴、居住地，看看能不能發現這樣的石塊。然而到目前為止，學者們的運氣也還不夠好，或者說，還很少有學者願意把這種石塊列入關注對象的範圍。

於是乎，學者們只能把最早的工具，鎖定在相對容易鎖定的對象——石片，或者說，有鋒利邊緣的石塊了。客觀的說，這是有失公允的。由於研究的原始資料（沒有鋒利邊緣的石塊）的可獲得性太低（不是因為太少，而恰恰是因為數量過於龐大，難以篩選），我們不得不把自己祖先的出現年代推遲了數十萬年、甚至可能數百萬年。

在亞瑟・克拉克（Arthur Charles Clarke）的《2001：太空漫遊》（*2001: A Space Odyssey*）中，最早的工具不是石塊或者石片，而是一根長長的動物骨頭。古猿在黑色石板的啟示下，用這根骨頭開始了改變自身的歷程。在歷史上，真實的一幕究竟是什麼？最早的工具是石頭，還是

動物的骨頭，或者是一根樹枝？我們已經很難得知。另外，是否有這麼一塊黑色石板還不好說。不過可以確定的是，不論是石頭、骨頭還是樹枝，從那一刻起，古猿開始有意識的尋找、製造和使用工具，這就是最早的技術創新。

　　一方面，為了更好的使用工具，掌握工具運用的方法（包括力量、角度、距離等參數），古猿的雙手開始變得靈巧，逐漸能夠做更加精細的工作；另一方面，工具運用方法的改進過程，也就是古猿對自身大腦的開發過程，大腦逐漸學會了有意識的思考，對各種參數進行分析（那時候幾乎不可能有系統性的預測行為，更可能的是不斷的嘗試和糾錯），累積經驗（怎麼做更省力、更快），總結教訓（不再把手劃傷），提高效率，從而慢慢的找到在某一情境下某種工具的最佳使用方法（也就是今天所說的最佳實踐，best practice）。這就是今天的創新理論所說的「做中學」、「用中學」（learning by doing, learning by using）。「十指連心」，雙手運用得越頻繁，大腦也就開發得越深入，而這又進一步促進了雙手活動的靈活性和精確性。由此及彼，相互促進，人（Homo）這個生物學中的「屬」終於逐漸浮現出來。從這個意義上說，技術創新不僅僅是人類社會發展的動力之一，而且石器工具這一技術創新就是從古猿到原始人的生物演化邁出的那關鍵一步的原動力。

二、火──人類進化史上的重大變革

　　原始人的食物包括果實、樹葉、肉類等。和其他大型哺乳動物一樣，原始人只能茹毛飲血，依靠自己的牙齒、咀嚼肌和強大的腸胃來對付這些食物。他們沒有辦法對這些食物進行進一步加工──也沒有人想到過這麼做。直到有一天，跳動的火苗進入了人類的視野。

　　火得到原始人的關注，可能有很多種原因。在寒冷的時候，靠近火堆或在太陽光下，身體比較舒服；被火燒熟的動物肉，吃起來比生肉少

了一股難聞的腥味，而且口感較好、胃覺舒服；有火的地方，豺狼虎豹都被嚇跑了，安全性極大的提高；火光也使漆黑的夜晚不那麼可怕，使夜間活動有了更多的依靠和指引。生物的本能再次發揮作用，原始人「跟著感覺走」，採用這種使自己覺得方便、舒服的方式，改善自己的衣、食、住、行各個方面，使自己的日子過得越來越舒坦。

從產品創新的角度來看，火這個產品進入原始人的視野是具有戲劇性的。一種說法是火山爆發產生火；另一種說法是打雷閃電的時候樹林或草叢被點燃起火；在中國古代傳說中，燧人氏看到有鳥啄燧木時產生火苗，受到啟發。無論如何，已經嘗到火的甜頭的原始人，開始思索著怎樣才能把自然界產生的火種保存下來，或者自己想辦法生火，以便今後使用。

從工藝創新的角度來看，原始人對人工取火的方法進行了艱難的探索。經過千萬次試驗（同樣的「做中學」、「用中學」），嘗試了千萬種不同的材料、力量、角度、風向、程序，原始人終於找到了鑽木取火與擊石點火兩種方法，從而最終熟練的掌握了取火技術。儘管這兩種方法還很原始，操作起來非常困難，原始人還是不辭勞苦的重複這兩種方法，並為此歡欣鼓舞。

火的使用可以說是一個劃時代的技術創新。儘管不了解火的化學原理，但是這絲毫也不妨礙人類將這種技術付諸實施。由於火的使用，原始人開始吃熟食，熟食易於消化，更富有營養，因而大大促進了人類體質的發展；火為人類帶來了溫暖，使人類不僅生活在溫暖地帶，並且可以前進到寒冷地區；火為人類帶來了光明，即使在黑夜，人類也能看見四周的環境、從而自由的行動了；火還增強了人類的攻守能力，使人類再也不懼怕猛獸的威脅了。總之，火的使用使原始人獲得了新的知識、新的力量。恩格斯說：「摩擦生火第一次使人支配了一種自然力，從而最後與動物界分開。」如果要列出人類歷史上最具有劃時代意義的變革性

創新的話，火的使用毫無疑問可以位列三甲。

　　石器和火這兩種技術被人類掌握，意味著人類逐漸具備了比自身體力更為強大的力量。石器使人能夠砍樹、切菜、殺死大型猛獸、製作各種生活用品，火使人能夠製作熟食、燒製器皿、在寒冬取暖、甚至用放火的方法圍捕獵物、開墾田地。這兩種技術上的創新，使人類掌握了前所未有的力量，極大的拓展了自己的活動範圍，也在很大程度上加強了人腦的活動——智力活動，為人類進一步從動物界脫離出來、成為凌駕於其他動物之上的智慧生物創造了條件。

第二節　解放腦力：四大發明

一、造紙術

在紙發明以前，人類主要靠龜甲、獸骨、金石、竹簡、木牘、綿帛記事。然而，甲骨不易得到，金石笨重，簡牘占有大量空間，綿帛昂貴，都不便使用。隨著科學文化的發展，人類迫切需要一種廉價簡便的新型書寫材料。

在中國的東漢時期，西元 63 年，蔡倫生於桂陽郡治城南，也就是今天湖南省耒陽市城南蔡子池。西元 105 年，蔡倫繼承和發揚了前人的造紙方法，製造出質優價廉的紙張，人們稱之為「蔡侯紙」。[1]

蔡倫造紙的創新之處主要有以下三個方面。

首先，是造紙的方法和程序。

第一是「選」，選擇「樹膚、麻頭及敝布、漁網」為原料。蔡倫拋棄了絲絮等動物纖維，純用植物纖維。古代麻織品總稱為布，絲織品總稱為帛。漁網和敝布都是大麻和苧麻，原產地都是中國，所以原材料非常豐富。（「選」料工藝）

第二是「剉」，將原料切短、碾碎。（「剉」料工藝）

第三是「煮」，將已剉好的原料加以蒸煮，使纖維間黏結質分解。《詩經・陳風》說：「東門之池，可以漚麻。」即用於紡織的麻原料可以在朝東的有陽光照射的池水中漚浸，因水溫提高可以加快其發酵脫除木素與果膠，但古代用葛紡織就要先經過水煮。（「煮」料工藝或「漚」料工藝）

第四是「搗」，將經過蒸煮的原料放入臼內進行舂搗（用棍子的一端撞擊），用現代的造紙語叫打漿叩解，使纖維帚化。這是使纖維能相

1　李玉華·蔡倫發明的是「造紙術」[J]·博覽群書，2008, (3):8-11.

互締結成紙頁的關鍵工序，其作用是將初生壁的纖維外殼打破（壓漬、劈裂、脫水），以露出其內的微細纖維並使之縱裂帚化，在水中形成相當大的絲狀表面積，使纖維素分子結構上的氫或羧基暴露於纖維表面，相鄰纖維上的這類基團在水中形成水鍵，經脫水乾燥後產生氫鍵，相互拉緊，形成具有強度的紙張。這是構成紙頁的關鍵，也是蔡倫造紙工藝的一大創新之處。今天，我們鑑別出土類紙物是麻絮還是紙張，首先就要看它是否經過打漿。（「搗」料工藝或「打」料工藝）

第五是「抄」，即將經過舂搗打漿的纖維均勻懸浮於水中，用抄紙簾過濾成溼紙頁（包括「笘」或「簀」），乾燥後即成紙張。這是古代紙頁成型的方法，它包括「抄紙法」和「澆紙法」。（「抄」料工藝）

「蔡侯紙」經過以上五道工序就製成了，後世的造紙工序比這更多更複雜，但這五道工序是最基本的。蔡倫最偉大的創新之處，就在於確立了造紙的基本工序和方法，這一工藝創新也為現代造紙工藝樹立了典範。

其次，蔡倫還發明和應用了紙藥，這是一大產品創新。「紙藥」是指抄紙時在紙漿懸浮液中加入的植物黏膠液，俗稱「滑水」或「膠水」。它在造紙過程中具有非常重要的作用，突破了溼紙壓榨後難以揭分的最後難關，從而造出了可大量生產、均勻完整平直的書寫用紙。具體說，它有三種作用：一是懸浮分散，使紙均勻成型；二是保護壓榨，使溼紙免於「壓花」；三是防止纖維互黏，使溼紙易於揭分。蔡倫在西元 105 年發明紙藥後，一整套完善實用的造紙術才得以形成，蔡侯紙才大功告成。[1]

再次，蔡倫還創造性的選用樹膚、麻頭、敝布、漁網等植物纖維原料造紙，尤其用樹皮作原料，這在造紙術中是一大原材料創新。樹皮、

1　鐘志云．關於蔡倫及其造紙術的若干問題探討 [D]．華南師範大學，2007.

麻料都屬於韌皮纖維，所含的木質素和雜細胞都很少，水溶性物質較多，有機雜質易於分解溶出，便於提取纖維製漿造紙，對工藝技術和工具的要求都不高，符合當時的技術條件。他還首創「廢物利用，化廢為寶」，麻頭、敝布、漁網既易於「搗」碎成漿，又具有經濟價值。天然生長的植物纖維原料，資源豐富，分布面廣，隨處可得，取之不盡，用之不竭，成本低廉，為大批量生產提供了可能性。

這樣，蔡侯紙從原料到成品實現了「三新」：新工藝、新產品、新原料，在人類創新史上寫下了不可磨滅的一筆。他發明的造紙術，很快產生了深遠的影響。

造紙術在中國得到迅速的推廣，西元 3 至 4 世紀，紙在中國國內取代了綿帛、竹簡，並於西元 6 世紀傳入朝鮮、越南、日本，8 世紀傳入中亞、阿拉伯，12 世紀由阿拉伯傳入非洲、歐洲，16 世紀傳入美洲並在歐洲廣泛流行，從而取代了或昂貴，或笨重，或鬆脆，不適合大量推廣的印度的白樹皮和貝葉、埃及的莎草紙、阿拉伯和歐洲的羊皮，蔡侯紙逐漸被世界各地的人們採用為書寫材料。在 18 世紀以前，世界各國一直沿用蔡侯紙技術生產紙張。紙對後來西方文明整個進程產生了極其重大的影響。中世紀的歐洲要寫一部書，就要用數十張羊皮，如《聖經》，需要用羊皮 300 張之多。成本高昂的書籍不是一般平民百姓買得起的，因而限制了歐洲文化的普及和發展。造紙術的傳播，促進了西方文化的內部交流，為歐洲的教育、政治、商業的活動提供了極為有利的條件，從而使文藝復興成為可能。德國雅各布（Jacob）說：「希臘羅馬的人，從來沒有想到紙的發明，我們還是靠中國人蔡倫的智慧，才能享受現在的這種便利。」蔡倫的造紙術對文化的普及和世界科學文化傳播交流做出了不可磨滅的貢獻。

二、活字印刷術

中國的雕版印刷術大約起於隋唐，成於五代，盛於兩宋。雕版印刷較之手寫有無比的優越性，它可以雕一版而印無窮，且能妥善保管，多次印刷，經久耐用。所以任何一種書稿，只要按照一定的行格款式雕刻一套版，便可以隨需刷印、廣為流傳。這對知識資訊的傳播和文化影響的拓展是有利的。但雕版印刷也有不可克服的缺點，這就是它只能是一種書刻一套版，一套版印一種書。它只能在同一種書的部數上隨需刷印，卻不能在品種上隨意生新，若生新就只能再雕一套版。如果刻一部大書，要花費很多時間和木材，不僅費用浩大，而且儲存版片要占用很多空間，管理起來也有一定的困難。這種勞師費時、工料俱奢的弱點，雕版印刷術越是極盛，暴露得也就越明顯。

北宋仁宗慶曆年間（西元 1041～1048 年），平民畢昇在世界上第一個發明活字印刷術，這比德國的古騰堡早了 400 年。簡言之，活字印刷術就是預先製成單個活字，然後按照付印的稿件，檢出所需要的字，排成一版而施行印刷的方法。採用活字印刷，一書印完之後，版可拆散，單字仍可再用來排其他的書版。

具體而言，沈括在《夢溪筆談》卷十八「技藝門」中，較詳細的記載了畢昇的膠泥活字印刷法：[1]

（1）製字：用膠泥刻字，活字薄如錢唇，一字一印，用火燒使其堅固，
　　　實際已是陶質活字。每一字都有數個活字，用以處理在文稿裡的字
　　　重複出現的情況。還有兩種情況，排版中經常遇到：一是常用字如
　　　「之」、「也」等，每字有二十餘個活字，以備一版內有更多重複
　　　者；二是文稿中出現的生僻字原所製活字中沒有，當下補刻，用草

1　肖東發·活字印刷術的發明及其在宋元時代的發展與傳播 [J]·北京大學學報（哲學社會科學版），2000, 37(6):96-104.

火燒成堅固的活字，馬上可以排版。

（2）置範：先備一塊鐵板，上放松脂、蠟和紙灰之類，再放一鐵範於鐵板上，以承容和固定活字。

（3）排版：在板上緊密排布字印，滿鐵範為一版。

（4）固版：以火替鐵板加熱，使藥熔化，再以一平板按印面，使字面平整、固定。

（5）印刷：固版後就可以上墨鋪紙印刷了。為了印刷方便和快捷，通常用兩塊鐵板，一塊板印刷時，另一塊板在排字，印完一塊板，另外一塊板已經排好，交錯使用，能提高效率。

（6）拆版：印完後再用火為鐵板加熱，使藥熔化，用手指落活字，並不沾汙。

（7）儲字：活字不用時則以紙貼之，每韻為一貼，儲藏於木格之中。

畢昇的膠泥活字印刷術，具有新原料、新工藝、新產品三個方面的創新點。

在原料創新方面，畢昇揚棄了木活字而創製了泥活字。的確，木活字容易做，要麼是鋸鍘已雕字的板片，要麼是一個一個的雕刻木字，在當時雕版印刷盛行的情況下，都是輕而易舉的事情。並且，這樣跟雕版印刷一樣，易著水墨，容易成功。為了滿足外部急迫的批量印刷需求，畢昇從鋸雕版直接成木活字排版印刷入手。然而，當時排版固字技術尚不過關，使得用木活字排出來的版面，因木理疏密不同，頻著水墨印刷後，便會出現漲版而使版面高低不平的情況。並且當時排版固字技術只是用松脂蠟和紙灰的溶凝原理，根本無固力阻止木字因漲版而凸起，加之印刷完成木活字易與蠟灰相黏，脫字較難，且易相互汙染，所以最終被畢昇放棄。畢昇轉而研製了膠泥活字印刷術。[1]

1　劉崇民．論畢昇的身分及其發明活字印刷術的動因和過程 [J]．理論學習與探索，2013, (5):85-87.

在工藝創新方面，畢昇製造的泥活字，「每字為一印，火燒令堅」。泥活字刻字時膠泥當是乾的，這樣易刻，筆畫交叉處也不易出現斷筆，出現了也容易填補。刻完一批字就應「火燒令堅」，否則就可能磨損，影響品質。每字皆刻數個，如「之」、「也」等常用字，則刻有二十餘個，以備一版之內重複使用。有些生僻奇字刻字時未行備刻，則在排版時隨需隨雕刻，並以草火燒之，瞬息可成。可見畢昇在製字上已經想得十分周密了。

在產品創新方面，畢昇設一鐵板，鐵板上均勻的鋪撒一層松脂蠟和紙灰。打算印刷時，先將一鐵範放置在鐵板上。這個鐵範當與當時通行的雕版印刷的版面高矮寬窄相似，以便形成活字的圍圈和版面的四周欄線，鐵範中便可依行布字，滿範為止。然後持著排滿字的鐵板到火上灼煬，待蠟稍熔，便以一平板按壓字面，則字深嵌入蠟中，版面則字平如砥。且常做兩塊鐵板，一板在印刷，另一板在排字。一板印刷完，另一板已排好版。如此交替用之，瞬息便可印出許多。不印的時候，其活字便依韻歸類，並在字身背頭貼上該字所屬之韻，儲藏於事先做好的木格箱中，每格則以寫好的韻頭之字貼之，以便再印時揀字方便快捷。[1]

近一千年前畢昇創製的膠泥活字印刷術，從製字、排版、固版、印刷到儲字等工序上，都有了切實的實踐，並且獲得了成功。在效率方面，若只印兩、三本，則不算簡易；若印數十百千本，則顯得極為神速。用今天科學的眼光來審視它，除了略顯古樸外，其活字印刷術的基本原理，與後世人類共同使用的鉛排技術已沒有本質的不同了。

畢昇首創的膠泥活字印刷術是具有深遠影響的技術革命。法國漢學家儒蓮（Stanislas Aignan Julien）認為：「印刷術中最重要的改良，都不及宋代的活字術。」從工藝原理上看，近代的鉛字排版與膠泥活字印

1　李致忠·活字印刷術的發明及其製字材料的演進 [J]·文獻，1998, (10):114-137.

刷是完全一致的。活字印刷術發明後不久，即經西域傳到波斯、埃及等國，旋又傳入歐洲。

約在西元 1444 ～ 1448 年間，德國美因茨的古騰堡（Gutenberg）仿照中國活字印刷的原理，初步製成了一種以銅、銻、錫合金的歐洲拼音文字的活字，用於印刷，這比畢昇發明活字印刷術的時間晚約 400 年。中國活字印刷術為古騰堡的發明奠定了基礎，從這個角度說，近代機械印刷技術只是一種「技術改良」或「整合創新」。

在活字印刷術以前，文化的傳播主要靠手抄的書籍，既慢，易錯，也大大限制了一般民眾對文化的需求。活字印刷術傳到歐洲後，改變了過去只有僧侶、貴族才能讀書受教育的狀況，為文藝復興運動的出現提供了重要的物質條件。另外，由於《聖經》等宗教著作被大量印刷，基督教文明開始在世界各地傳播。活字印刷術間接的推動了歐洲的宗教革命和文藝復興，它以催化劑的角色推動了歐洲科學、文化的迅猛發展，也為資本主義的產生創造了重要的物質條件。

三、火藥

火藥的發明是人類文化史上的偉大創新之一。它的起源和煉丹術有密切的關聯。中國古代黑火藥是硝石、硫黃、木炭以及輔料砷化合物、油脂等的粉狀均勻混合物。這些成分都是中國煉丹家的常用配料。把這種混合物叫作藥，也揭示著它和中醫學的淵源關係。

火藥之所以成為火藥，產生決定性作用的是硝石（硝酸鉀）的引入。至少自西元前 2 世紀，中國已經廣泛使用成分為硝酸鉀的「硝石」於醫藥和煉丹了。硝酸鉀是當時的強氧化劑，尤其是在火法熔鹽反應中。所以硝石（硝酸鉀為主）成為古代東西方化學發展的控制因素。沒有硝石，就談不到火藥的發明。

秦漢以後，煉丹術盛行，其目的是製造金銀和修煉丹藥以求得長生

不老。煉丹家們希望奪造化之功，使自然變化人為的在丹爐中完成，於是將各種藥物彼此配合在爐中用火煉。在火法煉丹過程中，為了防止藥物加熱後逃逸，採用密封的丹鼎。這種做法在初期是摸索性的，具有很大盲目性，當然失敗多於成功。在密封的丹鼎中煉丹時，如果藥物加熱後發生激烈的反應就會發生炸鼎事故，也就是《真元妙道要略》中記載的「禍事」。

經過長期實踐，煉丹家了解到某些藥物不能貿然在密封的丹鼎中合煉。煉丹家所用的藥物是多種多樣的，主要有五金、八石、三黃，還有特殊的藥物就是汞和硝石。其中，三黃是雄黃、雌黃和硫黃。硫黃與汞化合成丹砂是煉丹家們的成功之作，也是他們研究得最多的。不過，三黃若是與硝石共同用火煉，卻會著火和爆炸，這就導致了火藥的發明。

西元 4 世紀初的《抱朴子內篇・仙藥》記載：以硝石、松脂、豬腸、雄黃共煉，會在 350℃～ 400℃起火爆炸。這可能是人類史上關於火藥的最早記載。因此原火藥起源可以上溯到西元 4 世紀。

煉丹家如何對待偶然發現的能爆炸或劇烈燃燒的混合物？一是利用來做戲，進行惡作劇，最後貢獻給軍事。二是在火法煉丹過程中避免使用這類藥物，以保證不出意外事故。經過多次實踐累積了經驗後，煉丹家還發現，要煉好丹，必須先使某些藥物「伏」於控制，也就是「伏火」。

根據問世於西元 686 ～ 741 年的《龍虎還丹訣》記載：硝硫合煉的兩組分伏硫黃法祖方已經是一種火藥成分，這可以說是中國原火藥發明的可靠年代。其中，硝、硫的摩爾比為略低於 1：3，所以可稱之為「原火藥」。它不是用於滅火，而是用於發火，在一定條件下是會爆炸的。

火藥發明的過程中的創新，包括原料創新、過程創新。

在原料創新方面，儘管今天的黑火藥的成分主要是硝、硫和碳，但是原火藥並不一定具備這三種成分。火藥之所以成為火藥不是因為含有

可燃物——硫和碳，而是由於含有氧化劑——硝石。碳和硫是可燃的，但它們在密封的煉丹爐中隔絕了空氣後，既不會著火也不會爆炸。但是，當煉丹家將硝石進行火法煉製時，只要有可燃物同時存在，不論密封與否都會發生激烈的燃燒甚至爆炸。而可燃物也不局限於硫黃和木炭，雄黃、雌黃、松脂等與硝石共同燒煉也會導致原始火藥的發明。可能原始火藥開始是兩成分的，只有硝、硫，以後才發展為多成分的。[1]事實上，硝硫合煉的兩組分伏硫黃法祖方，在增添第三組分的發展中，出現了兩種以上的配方，它們也都叫伏硫黃法，其硝硫重量比都是1：1。一種是《孫真人丹經》記載的「內伏硫黃法」，第三組分是硇砂（氯化鐵），由硝石、硫黃、硇砂組成；另一種是《諸家神品丹法》記載的「伏火硫黃法」，第三組分是燒存性的皂角子，由硝石、硫黃、皂角子組成。[2]

在過程創新方面，煉丹家們主要是採用將各種藥物彼此配合在密封的丹鼎中用火煉。並且，他們還設法使某些藥物「伏」於控制，也就是「伏火」。這都是火藥製備過程中的工藝創新。

大約在西元10世紀初的唐代末年，火藥開始在戰爭中使用。西元904年（唐哀宗天祐元年），鄭璠進攻豫章時曾經「發機飛火」，可能是最早記載的進攻性熱兵器。火藥被引入軍事，成為具有強大威力的新型武器，並引起了策略、戰術、軍事科技的重大變革。初期的火藥武器，爆炸性能不佳，主要是用來縱火。隨著工藝的改進，火藥的爆炸性能加強，新型火器不斷出現。在宋代，火藥在軍事上更得到了廣泛使用。北宋為了抵抗遼、西夏和金的進攻，很重視火藥和火藥武器的試驗和生產。

火藥由商人傳入印度。在13世紀，火藥武器透過戰爭傳到阿拉伯國

1　郭正誼 · 火藥發明史的新探討 [J] · 中國歷史博物館館刊，1985, (6):72-77.
2　孟乃昌 · 火藥發明探源 [J] · 自然科學史研究，1989, 8(2):147-157.

家，成吉思汗西征，蒙古軍隊使用了火藥兵器。西元 1260 年，元世祖的軍隊在與敘利亞作戰中被擊潰，阿拉伯人繳獲了火箭、毒火罐、火炮、震天雷等火藥武器，從而掌握了火藥武器的製造和使用。另一方面，希臘人透過翻譯阿拉伯人的書籍知道了火藥。並且，阿拉伯人與歐洲的一些國家進行了長期的戰爭，在戰爭中阿拉伯人使用了火藥兵器，例如阿拉伯人進攻西班牙的八沙城時就使用過火藥兵器。在與阿拉伯國家的戰爭中，歐洲人逐步掌握了製造火藥和火藥兵器的技術。恩格斯在《反杜林論》中指出：「以前一直攻不破的貴族城堡的石牆抵不住市民的大砲，市民的子彈射穿了騎士的盔甲。貴族的統治與身穿鎧甲的貴族騎兵同歸於盡了。隨著資本主義的發展，新的精銳的火炮在歐洲的工廠中製造出來，裝備著威力強大的艦隊，揚帆出航，去征服新的殖民地……」

四、指南針

指南針的發明不是突然發生的，而是中國人在戰國以來確定方位的近千年實踐中不斷探索的產物，與中國方位文化的發展演變密切相關。在中國的方位文化中大致經歷了從天文學方法定位，再以磁學方法製成司南，最後由司南演變成指南針的三個階段。

上古時期，黃帝曾與蚩尤進行過幾次大規模的戰爭。蚩尤銅頭鐵額，神勇無比，而且還會使用妖術。與黃帝作戰時，蚩尤降下漫天大霧，黃帝的軍隊都失去了方向。危急關頭，在仙女的幫助之下，黃帝造出了指南車，借助於指南車，黃帝率領軍隊衝出了重重迷霧的阻擋，最終打敗了蚩尤，贏得了戰爭的勝利。

如果說黃帝的故事還只是傳說，那麼從戰國時期開始，在《山海經 · 北山經》、《管子》、《呂氏春秋》、《淮南子》等著作中，就出現了關於磁石的各種記載，這些對磁石的認識，是中國磁學的基礎，在此基礎上，發現了磁石的吸鐵性、指向性，進而發明了司南、指南針及

至後來的羅盤。

　　至遲在戰國時，華夏民族就製造出了最初的指南針——司南。在西元前 3 世紀末年的《韓非子・有度》中就有司南的記載。根據後來東漢時期王充的《論衡》描述，司南是用天然磁石雕琢而成，這是一種以四氧化三鐵為主要成分的磁石。司南的形狀像一把勺子，底部圓滑，可以放置在平滑的「地盤」中自由旋轉。地盤的形狀為方形，也叫羅經盤，四周刻有八干、十二支以及四維，一共 24 個方向。使用的時候，先把「地盤」放置平穩，把司南放在上面，輕輕一撥，司南就轉動起來，等停下來的時候勺頭指向的就是北方，勺柄指向的就是南方。[1]

　　漢朝的「司南」也被用於風水和占卜，術士用它在占卜板上旋轉來推測「凶吉」，一個常見的用途是堪輿（相墓相宅的風水術）。然而，製造司南需要的天然磁石非常少見；而且在雕琢過程中，要準確的找出極向也不是一件易事，思索的成品率低，磁性較弱；加上轉動司南時其與地盤接觸產生的摩擦阻力較大，準確性因而受到很大影響。所以，司南的應用和流傳都受到了一定的限制，後來逐漸被淘汰了。由於堪輿術的發展，須對山川地形和方位進行大規模測定，海外貿易所必需的域外航海又需要有效的導航方法，這都促進了對司南的改變。

　　根據北宋初年由曾公亮主編的《武經總要》記載，人們把一片薄鐵皮剪成約 7 公分長、1.5 公分寬的魚形，放在炭火中燒得通紅，此時的溫度通常高於鐵磁質的居禮點，這樣，鐵魚內部的分子運動加速，被燒得處於活動狀態的磁疇就會瓦解，成為順磁體。趁熱將其取出，用鉗子夾著魚頭，讓魚尾正對著地球磁場方向（北方），讓磁疇重新形成，並順著地球磁場方向整齊排列。然後把磁化後的鐵魚迅速浸入冷水中，磁疇的規則排列就馬上固定下來，形成永磁鐵。這樣，一個「指南魚」就

1　歐陽軍・指南針發明軼事 [J]・發明與創新，2009, (7):48-49.

做成了，對著北方的魚尾被磁化而成指北極。使用時，在一個碗內盛滿水，放入指南魚，利用水的表面張力使指南魚浮於水面。待水面平靜後，魚頭指向的是北方，魚尾指向的是南方。指南魚比司南更為靈巧，便於攜帶，水的阻力也要比司南與地盤的摩擦力小得多，準確性因而大為提高。並且，《武經總要》還指出，應當讓鐵片朝北下傾數分，這樣可以更接近地磁場的方向，使鐵片魚的磁化效果更好。從這裡可以清楚的看到一個事實，這就是中國人早在西元 11 世紀以前就發現了地磁傾角的存在，並且在指南儀器的製作過程中加以利用。[1]

　　隨著時間的推移，人們發現其實並不一定要製造成魚的外形，使用磁針會更方便。於是，指南「針」誕生了。沈括在《夢溪筆談》中就記載了這種指南針的製造方法，就是拿一根小鋼針在磁石上反覆摩擦，使其磁化，便是指南針了。指南針不僅在外形上要比指南魚更為簡便，而且體積更小，被磁化的程度更強，使用方法也更為多樣，可以將它放在指甲背上或者是碗口邊沿上，使其平衡，指南針就會自動旋轉，停止下來的時候，所指的就是南北方向。事實上，沈括提出了四種放置指南針的方法：水浮法、碗唇旋定法、指甲旋定法、縷懸法。但是在漂泊不定的船上，將指南針放在指甲背上或者碗口上都不方便，因此沈括建議採用縷懸法，也就是在指南針的中間部位用少許蠟黏上一根細線，於無風處懸掛起來。這樣，即使在航海的過程中也可以使用了。並且，沈括也發現「常微偏東，不全南也」，也提示了地磁偏角的存在。

　　磁針的出現，是司南向指南針過渡中具有決定性的一步。鐵針的磁性是透過與磁石摩擦產生的，和現在磁針的形狀極為相似。在 19 世紀現代電磁鐵出現之前，幾乎所有的指南針都是以這種人工磁化法製成的。

　　指南針的發明歷程中，有原材料創新和過程創新。

1　王仙洲 · 論指南針的發明 [J] · 青島大學學報，2000, 13(3):120-122.

第二章　技術的進步：從刀耕火種到數位革命

首先，古人選用以四氧化三鐵為主要成分的天然磁石製作司南，巧妙的利用了磁石的吸鐵性、指向性，解決了方向辨識的問題。這毫無疑問是一大原料創新。

其次，過程創新方面，古人採用「燒紅─對向─冷卻」的工藝，製作指南魚。這樣，就透過合理的過程，巧妙的實現了磁疇的瓦解、重新形成並固定下來，從而解決了磁化的問題。後來，又採用將小鋼針在磁石上反覆摩擦的方法製作指南針，也是一大工藝創新。

指南針的出現具有重大意義，尤其是在航海方面，指南針更是不可缺少的工具。最初，指南針只是作為天文導航的輔助工具，只有在陰雨天氣才拿出來使用。隨著人們對指南針性質以及功能的認識不斷加深，它也逐漸成為主要的導航儀器。航海者特地在船上設置放置指南針的場所，稱為「針房」，並交給有經驗的船員專門掌管。到了元代，指南針已經成了航海的基本裝備之一。12 世紀末、13 世紀初，指南針由海路傳入阿拉伯，又由阿拉伯人傳到西方。歐洲人對指南針加以改造，把磁針用釘子支在重心處，盡量使支點的摩擦力減少，讓磁針自由轉動。這種經過改造的指南針就更加適宜於航海的需求。大約在明代後期，這種指南針又傳回中國。

指南針投入應用之後，人類才具備全天候的航行能力，真正走向寬廣的海洋，這開創了人類航海的新紀元。人類第一次能在茫茫無際的浩瀚海洋上自由馳騁，指南針也因此被喻為「水手的眼睛」，成為航海家的必備之物。鄭和七下西洋，哥倫布（Columbus）對美洲大陸的發現和麥哲倫（Magellan）的環球航行，都與指南針的應用密不可分。

培根（Bacon）曾說：「印刷術、火藥和磁石這三項發明已經在全世界把事物的全部面貌和情況改變了，並由此又引出了難以數計的變化。」馬克思（Marx）在《機器、自然力和科學應用》中也指出：「火藥、指南針、印刷術──這是預告資產階級社會到來的三大發明。火藥把騎士

階層炸得粉碎，指南針打開了世界市場並建立了殖民地，而印刷術則變成了新教的工具，整體來說變成科學復興的方法，變成對精神發展創造必要前提的強大的槓桿。」這三項與造紙術一起，並稱中國古代的四大發明，為人類的腦力活動開創了更大的空間，尤其是使人的知識傳播、遠洋航行、探索未知的能力得到了品質的提升。

第三節　擁抱世界：電

　　今天，人類社會的運行可以說是建立在電的基礎上的。沒有電，就沒法看電視、聽廣播，沒法打電話、用電腦，沒法用洗衣機、電冰箱、冷氣，沒法發動汽車、輪船、飛機、火箭，沒法啟動機器機床、儀器設備……總之，沒有電，人們將寸步難行，人類將無法生存。電的發現和應用，可以說是人類歷史上最偉大的創新之一。

　　事實上，電從地球出現的時候就有了。很多年前，人們就已經知道發電魚會發出電擊。根據西元前 2750 年撰寫的古埃及書籍，這些魚被稱為「尼羅河的雷使者」，是所有其他魚的保護者。古羅馬醫生拉格斯（Scribonius Largus）在他的著作中建議，患有像痛風或頭疼一類病痛的病人去觸摸電鰩，也許強力的電擊會治癒他們的疾病。

　　西元前 600 年左右，古希臘的泰利斯（Thales）做了一系列關於靜電的觀察。他發現，琥珀用毛皮去摩擦之後，能吸引一些像絨毛、麥稈等輕小的東西。那時候的人們認為琥珀中存在一種特殊神力——「電」。中國古代一些文章也對類似現象做過記載。西晉張華記述了梳子與絲綢摩擦起電引起的放電及發聲現象：「今人梳頭，脫著衣時，有隨梳、解結有光者，亦有咤聲。」唐代段成式描述了黑暗中摩擦黑貓皮起電：「貓黑者，暗中逆循其毛，即若火星。」西元 1600 年，當時英國女王伊莉莎白一世（Elizabeth I）和後來詹姆士一世國王的御醫吉爾伯特（Gilbert）發現，用摩擦的方法不但可以使琥珀具有吸引輕小物體的性質，而且還可以使不少別的物體如玻璃棒、硫黃、瓷、松香等具有吸引輕小物體的性質。他把這種吸引力稱為「電力」。這些現象說明了人類早就認識了電，但是還不能運用。

　　西元 1734 年，法國人篤費（Charles Du Fay）發現兩種不同性質的電。一種是把玻璃棒用絲綢摩擦，然後將這根玻璃棒用絲線懸掛起來，

再將另一根與絲綢摩擦過的玻璃棒靠近它，發現這兩根棒相互排斥，於是他就把玻璃棒帶的電稱為「玻璃電」（即正電）。另一種是把松香用毛皮摩擦，然後把這塊松香靠近用絲綢摩擦過的玻璃棒，發現兩者相互吸引，於是他稱松香所帶的電為「松香電」（即負電）。這就是人們所講的同性電相互排斥、異性電相互吸引的現象。篤費發現了這些現象，也做了最早的理論解釋。

西元 1746 年，荷蘭人穆森布羅克（Pieter van Musschenbroek）做出了萊頓瓶。這是一個玻璃瓶，瓶的內外表面均貼上像紙一樣的銀箔，把摩擦起電裝置所產生的電用導線引到瓶內的銀箔上面，而把瓶外壁的銀箔接地，這樣就可以使電在瓶內聚集起來。如果用一根導線把瓶內表面的銀箔和外表面的銀箔連接起來，就會產生放電現象，發出電火花和響聲，並伴隨著一種氣味。

在電的創新的道路上，一個關鍵人物是班傑明・富蘭克林（Benjamin Franklin）。富蘭克林的第一個重大貢獻，就是發現了「電流」。他在西元 1747 年給朋友的一封信中提出關於電的「單流說」。他認為電是一種沒有重量的流體，存在於所有的物體之中。如果一個物體得到了比它正常的分量更多的電，它就被稱之為帶正電（或「陽電」）。如果一個物體少於它正常分量的電，它就被稱之為帶負電（或「陰電」）。

富蘭克林對電學的另一個重大貢獻，就是透過西元 1752 年著名的風箏實驗，「捕捉天電」，證明天空中的閃電和地面上的電是同一件事。他用金屬絲把一個很大的風箏放到雲層裡。金屬絲的下端接了一段繩子，另外金屬絲上還掛了一串鑰匙。富蘭克林一手拉住繩子，用另一手輕輕觸及鑰匙。於是他立即感到一陣猛烈的衝擊（電擊），同時還看到手指和鑰匙之間產生了小火花。然而，據傳，並沒有實際證據證明富蘭克林做過這個實驗，這個實驗可能僅僅是一個「思想實驗」。

但是，無論如何，這個實驗表示：被雨水溼透了的風箏的金屬線變

成了導體，把空中閃電的電荷引到手指與鑰匙之間。這在當時是一件轟動一時的大事。很多人都在重複富蘭克林的這一實驗。為什麼？因為當時社會上對於雷電有一種恐懼心理，大多數人認為雷電是「上帝之火」，是天神發怒的表現。富蘭克林的實驗驚動了教會，他們斥責他冒犯天威，是對上帝和雷公的大逆不道。然而，他仍然堅持不懈，而且在一年後製造出世界上第一個避雷針，終於制服了天電。由於教堂高高聳立的塔尖常被雷電所擊，教會為了保護教堂，最終也不得不採用了這個「冒犯天威」的裝置。以前電一直被人們當作一種娛樂工具，從此總算找到了實際的應用價值，從而為電的實際應用開啟了大門。

富蘭克林的這個實驗不僅在美國有很大的影響，還影響到世界其他國家。西元 1753 年，俄國科學家里奇曼（Richmann）在屋頂上裝了一根導線通到實驗室，想用驗電器來觀察雷電現象。那時正逢雷雨交加，一個火球從上面傳了下來，結果里奇曼遭雷擊而死亡。因此，富蘭克林的風箏實驗的影響，足以使每個電學家避免這種無謂的犧牲。

西元 1800 年春季，伏打（Volta）發明了著名的「伏打電池」。這種電池是由一系列圓形鋅片和銀片相互交疊而成的裝置，在每一對銀片和鋅片之間，用一種在鹽水或其他導電溶液中浸過的紙板或抹布隔開。銀片和鋅片是兩種不同的金屬，鹽水或其他導電溶液作為電解液，它們構成了電流迴路。現在看來，這只是一種相當原始的電池，是由很多鋅電池連接而成為電池組。但在當時，伏打的發明使人們第一次獲得了可以人為控制的持續電流，為今後電流現象的研究提供了物質基礎，為電的應用開創了前景。伏打雖然發明了電池裝置，但並不了解這種裝置的原理。英國的化學家戴維（Davy）闡明了這種裝置的原理，指出這類電池的電流來自化學作用，奠定了電離理論基礎，並進而促使他的助手法拉第（Faraday）建立了電解定律。

西元 1821 年，英國人法拉第完成了一項重大的發明。在這之前的西

元 1820 年，丹麥人奧斯特（Oersted）已發現如果電路中有電流通過，它附近的普通羅盤的磁針就會發生偏移。法拉第從中得到啟發，認為假如磁鐵固定，線圈就可能會運動。根據這種設想，他成功的發明了一種簡單的裝置。在裝置內，只要有電流通過線路，線路就會繞著一塊磁鐵不停的轉動。事實上，法拉第發明的是世界上第一臺電動機，是第一臺使用電流使物體運動的裝置。雖然裝置簡陋，但它卻是今天世界上使用的所有電動機的祖先。

西元 1831 年，法拉第發現，當一塊磁鐵穿過一個閉合線路時，線路內就會有電流產生，這個效應叫電磁感應。一般認為，法拉第的電磁感應定律是他的最偉大的貢獻。據此，西元 1831 年 10 月 28 日，他造出了世界上第一臺發電機——圓盤發電機。

過去，人類在探索自然界的道路上也獲得了很多的成績，力量越來越超出自己肉體的限度。但是，人類掌握的力量大多是肉眼可見的，例如鮮紅的火焰、龐大的拋石機、火藥爆炸的威力等等。換句話說，人類可以運用的能量形式，包括了熱能、機械能、化學能。然而，這幾種能量的使用，相比而言仍然是小規模的，人的力量可以被放大數十倍、數百倍，甚至數千倍，然而指數級的放大效應是難以產生的。

電動機和發電機的出現，是電的應用道路上的兩個關鍵性的創新。借助電能，人類的力量獲得了突飛猛進的增強。今天的普通人終於可以不費吹灰之力的實現過去夢寐以求的願望了。例如，在深夜點燈看書，用電力實現大規模流水線生產，用電驅動火車、輪船、飛機，用電熱爐做飯，用電話進行溝通，以及用電視機、收音機、錄音機、照相機、虛擬實境和網際網路把我們的生活變得豐富多彩。事實上，電成了一根力量強大的槓桿，我們可以用它來發光、發熱、生產、出行、通訊、上網……人類的手中多出來一根變幻無窮的魔法棒。從此，人類終於掌握了過去只有「天神」、「上帝」才具有的能力，為電氣化時代的到來徹底掃清了障礙。

第四節　資訊革命的發端：電晶體的誕生

　　今天，我們的生活被電腦、智慧型手機、網際網路充斥著。但是這一切的基礎——電晶體，卻極不起眼，以至於往往被人們忽視了。事實上，半導體時代的開啟，乃至資訊時代的降臨，完全依賴於電晶體的誕生。電晶體的發明，可以說是 20 世紀物理學發展史上最重要的事件之一。

　　電晶體的發明是科學家長期探索的結晶。西元 1833 年法拉第驚奇的發現硫化銀的電阻率隨溫度升高而迅速降低，這成為半導體效應的先聲。西元 1883 年，美國發明家弗利茲（C. E. Fritts）製成第一個實用的硒整流器。1904 年，英國的弗萊明（J. A. Fleming）製造出檢測電子用的第一支真空二極管。1906 年，美國發明家德富雷斯特（L. D. Forest）發明了第一支真空三極管（真空管）。真空管一經發明出來，就被廣泛應用在各種電子設備上。但是，隨著真空管的廣泛使用，其體積大、壽命短、價格昂貴、耗能多、易破碎等許多難以克服的缺點逐漸暴露出來，這直接影響了相關行業的發展。例如，1946 年美國賓州大學研製成的世界上第一臺電子數值積分電腦「ENIAC」，它使用了約 18,000 個真空管、1,500 個繼電器，耗電量達 150kW，占地面積 167 平方公尺，重量約 30 噸。

　　西元 1820 年代，量子力學的誕生使經典物理理論發生了根本性的變革。1931 年威爾遜（A. H. Wilson）進一步發展了布洛赫（Bloch）的能帶理論，用能帶理論解釋了導體、絕緣體和半導體的行為特徵，其中包括半導體電阻的負溫度係數效應和光電導現象。後來，他又提出雜質能級概念，對摻雜半導體的導電原理做出了說明。

　　1945 年，第二次世界大戰結束。美國的貝爾實驗室決定重建原有的固體物理研究小組。其宗旨就是要在固體物理理論的指導下，「尋找物

理和化學方法，以控制構成固體的原子和電子的排列和行為，以產生新的有用的性質」。1946 年 1 月，貝爾實驗室固體物理研究小組正式成立，小組最初的七位專家分別來自理論物理、實驗物理、物理化學、線路、冶金、工程等各方面，都是各自領域的菁英，群英薈萃，集各方面人才於一堂，稱得上是一組黃金搭配。而且，他們又善於吸取前人的經驗，善於學習同時代別人的優點。與此同時，他們內部推展學術民主，「有新想法，有問題，就召集全組討論，這是習慣」。他們根據各自在1930 年代中期之後的經驗，從剛成立時起就把重點放在了矽和鍺這兩種半導體材料的研究上。

傑出的理論物理學家巴丁（John Bardeen）加盟貝爾實驗室後不久，肖克利（William Shockley）便帶著困惑與他談起了自己的「場效應放大器」實驗。巴丁對上司肖克利早期的空間場效應思想未得到確證的問題頗感興趣，經過一段時間的苦思冥想後，提出了「表面態理論」。巴丁認為，在肖克利使用 N 型半導體進行的空間場效應實驗中，由於半導體內部自由的額外電子來到表面時被捕獲，形成了嚴密的封鎖層，致使電場難以穿透到半導體內部，從而使半導體內部的電荷載流子的行為免受影響，而負電荷載流子被緊緊的束縛在半導體表面上的結果是，肖克利預言的電場中的半導體導電性會增強的現象觀測不到。聽取巴丁匯報完自己的猜想後，早年曾從事過表面態問題研究的肖克利鼓勵他對表面態問題進行深入探索。於是，此後的一段時期，半導體研究小組將研究重點由場效應放大器的研製轉向了半導體基礎理論問題——表面態的研究。一是利用表面態這個新理論，進行一系列新實驗；二是驗證這個理論是否正確。巴丁與實驗物理學家布拉頓（Brattain）和皮爾遜（Pearson）緊密合作，表面態的存在隨後被實驗加以證實。[1]

1　周程‧晶體管發明者肖克萊引發的科技管理問題思考 [J]‧科學學研究，2008, 26(2):274-281.

第二章 技術的進步：從刀耕火種到數位革命

　　1947 年 9 月，研究小組確認表面態效應確實存在。進一步研究後發現，在電極板與矽晶體表面之間注入諸如水之類的含有正負離子的液體，加壓後會使表面態效應獲得增強或減弱。因為在電極的作用下，正離子或負離子會向矽晶體表面遷移，進而增強或減弱那裡的電荷載流子的濃度。當為電極施加足夠的負電壓後，矽晶體表面被束縛的負電荷就會與電解質中的正離子發生中和，這樣，外加電場便可對矽晶體內部產生作用。表面態效應長期以來一直是導致場效應放大器實驗失敗的主要原因，其作用原理被闡明之後，設計、試製半導體放大器的一個重大障礙便被排除了。

　　1947 年 11 月 21 日，巴丁向布拉頓提出了著手進行半導體放大器研製實驗的建議。巴丁的實驗設想是，將一塗有絕緣層的金屬的尖端刺到矽片上，形成點接觸，並在其周圍注滿電解質，然後透過調節加在電解質上的電壓來改變點接觸下方矽晶體的導電性能（即電阻），從而控制流經矽片與金屬的電流。巴丁後來回憶，他建議「使用點接觸完全是出於便利的考量」。二人當天便按此思路進行了實驗，並在輸出迴路中觀測到了微弱的放大電流信號。實驗初步達到了預期效果。

　　接下來的一週，巴丁和布拉頓就多個設計方案進行試驗，如用鍺晶體代替矽晶體，用金絲代替鎢絲，用漆代替固定接觸點的石蠟，並接受同事的建議，用硼酸醋作為電解質。然而，12 月初，小組在實驗中遇到了難題：一方面，放大裝置幾乎沒有電壓增益；另一方面，測試裝置只能在不超過 8 赫茲的超低頻範圍內工作，這遠低於人類的聽覺範圍，而放大器的輸入信號頻率要求達到數千赫茲。

　　12 月 8 日，肖克利與巴丁、布拉頓等人開會就實驗中所遇問題的解決方案進行了討論。巴丁提議用耐高反向電壓的鍺晶體取代矽晶體試一試。這種鍺晶體是一種摻錫的半導體材料，普渡大學物理系的研究小組已經對這種材料做了開拓性的研究，並用於檢波器生產。當天下午，巴

丁與布拉頓使用鍺晶體進行實驗時發現，隨著替硼酸酯液滴施加的負電壓值的增大，電路中的反向電流也隨之明顯增大，而且他們還觀察到輸出信號的電壓也隨之成倍增加。兩天後，布拉頓用一個特製的耐高反向電壓的鍺晶體做重複實驗時發現，功放係數雖有較大程度的提升，但響應頻率並沒有獲得改善。布拉頓認為，這也許是因為電解質的響應頻率具有滯後性之故。因此，接下來需要做的就是如何擺脫電解質的滯後影響了。

1947 年 12 月 11 日，吉布尼（R. Gibney）提供了一個表面生成了氧化層（旨在替代電解質）的 N 型鍺片，吉布尼在氧化層上面沉積了 5 個小金粒。布拉頓在金粒上面打了一個小洞，用鎢絲穿過小洞和氧化層插入鍺晶體作為一個電極，希望透過改變金粒塊和鍺晶體之間的電壓以改變鎢絲電極與鍺晶體之間的導電率。布拉頓在做實驗時，發現金粒與鍺晶體之間的電阻很小，二者幾乎形成短路，即氧化層沒有產生絕緣的作用。而當布拉頓在金粒和鎢絲電極加上負電壓後，發現沒有任何輸出信號。在操作過程中，布拉頓不小心將鎢絲和金粒短路，致使第一個金粒燒毀。

12 月 12 日，布拉頓在分析實驗失敗的原因時意識到，可能是由於沉積金粒前曾用水沖洗過鍺晶片，致使鍺晶體上面的氧化膜一起被沖走，從而造成金粒與鍺晶體之間的短路。不過，此時已是星期五的週末時間了。

12 月 15 日是星期一。布拉頓決定在拋棄只剩下四個金粒的鍺片前再試一試。他將鎢絲電極移到金粒的旁邊，碰巧在鎢絲上加了負電壓，在金粒上加了正電壓，沒有料到在輸出端出現了和輸入端變化相反的信號。初步測試的結果是：電壓放大倍數為 2，上限頻率可達 10 千赫。這意味著無須在鍺晶體表面特意製作一層氧化膜，簡單的讓金粒和鍺晶體表面直接接觸就可獲得良好的響應頻率。

　　理論物理學家巴丁敏銳的意識到金粒與鍺晶體的接觸界面上已經出現了一種新的、與加電解質完全不同的物理現象。巴丁認為，在金粒電極加正電壓後，注入鍺晶體表面的應該是空穴，而此時流經鎢絲與鍺晶體之間的電流是反向的，那麼隨著鎢絲觸點與金屬電極之間距離的縮小，流經鎢絲與鍺晶體之間的電流應該會相應增大。

　　據布拉頓回憶，他與巴丁討論之後，認為「當務之急就是使分布在鍺晶體表面上的鎢絲觸點與金屬電極盡可能靠得近一些。按巴丁的簡單推算，兩者之間的距離不得超過 0.002 英寸」。這相當於一張普通紙的厚度。最後，實驗物理學家布拉頓巧妙的採用了一種不用導線而在兩個金電極間狹小的空隙中實現目的的方法。他請技師切削了一個小塑料楔，將一條金箔貼於楔的兩個邊緣，然後小心的用刀片切開塑料楔頂端的金箔，形成一條狹縫，將這個塑料楔置於一根彈簧上，再將塑料楔壓到鍺晶片上。金箔狹縫兩邊與鍺晶體表面接觸，兩個點接觸之間的間距小於 0.002 英寸。在 12 月 16 日進行的實驗中，布拉頓用導線將新裝置與電池相連接，構成工作迴路。巴丁與布拉頓在其中一個接觸點加上 1 伏特正電壓，在另一個接觸點加上 10 伏負電壓，此次實驗就獲得了 1.3 倍的輸出功率增益，同時電壓放大了 15 倍。在接下來的實驗中發現，當輸出電壓放大係數下降到 4 時，輸出功率的功放係數高達 450%，奇蹟出現了！

　　一週後的 12 月 23 日，肖克利領導的半導體研究小組使用含有這種新發明的固體放大器的實驗裝置，為貝爾的主管示範了音訊放大實驗。這是一次沒有使用真空管的音訊放大實驗。實驗一如人們所期待的那樣獲得了成功。次日，又做了把點接觸型電晶體當作振盪器的實驗。後來，布拉頓和另一位小組成員皮爾遜將這種固體放大器命名為「transistor」。由於這種電晶體主要由兩根金屬絲與半導體進行點接觸而構成，故被稱作點接觸電晶體。

　　由於沒有被列入點接觸電晶體專利發明人名單，肖克利受到很大刺激。經過一段時間的思考之後，肖克利於 1948 年 1 月 23 日想出了在半導體中加一個調節閥的方法。也就是說，設計一種類似於三明治結構的電晶體，這種電晶體最外兩層使用性質相同的半導體材料，中間夾層使用性質完全相反的半導體材料，三根導線分別與各層相連。這樣，人們便有可能透過向中間薄層施加不同的電壓來調控由其中的一個外層流向另一個外層的電子或空穴的流量。由於這個中間薄層的功能與自來水管道中的閥門相似，故肖克利把這種器件稱作「半導體閥」。顯然，這個中間薄層的功能與肖克利的「場效應放大器」中的電極板相似，只是一個被平行的置於半導體表面之外，一個被攔腰置於半導體之中罷了。這種「半導體閥」的一個明顯優點是：三根導線和半導體層都採用結連接。因此，可以克服點接觸電晶體所具有的對震動過於敏感、性能不穩定等缺點。又經過了幾年的研究和多次失敗，1951 年 7 月 4 日，貝爾實驗室為結型電晶體的發明舉行了新聞發表會。「正是結型電晶體這個肖克萊在理論上革命性的發明，帶來了半導體革命，引發了矽時代」。巴丁、布拉頓和肖克利三人由於在電晶體的發現過程中在理論和實驗方面發揮的不同作用，共同分享了 1956 年的諾貝爾物理學獎。

　　電晶體從無到有，這是重大發明。如果考慮更長的鏈條，即包括電晶體的設計、發明、生產到應用以及材料製備、製造工藝等，這些環節的組合就成為創新。[1] 鑑於許多環節以前都不曾有過，因而電晶體的橫空出世可稱為「根本性創新」或「突破式創新」。

　　貝爾實驗室 1925 年成立後，便把研發的目標從電話轉移到更廣闊的通訊領域。公司負責人和科技人員了解到，傳統的真空管存在先天缺陷，無論怎麼改進也難以承擔未來的通訊使命。根據當時的科技發展狀

1　戴吾三·晶體管誕生記 [J]·科學，2015, 67(1):13-17.

況和通訊技術累積的經驗，他們認為，重視固體物理研究，著眼於新興的半導體材料，可能會有大突破。開始這只是一種意向，要實現，必須要有大量切實的理論和實驗研究，而且人員配備、資金投入都必不可少。正是具有策略眼光和氣魄，加之雄厚的科學研究基礎，使貝爾實驗室與其他電話公司、電氣公司的研發機構具有本質區別。貝爾實驗室由此成為電晶體的發源地和世界半導體研發的主要中心。可見，立足專業領域、布局原始創新，應當是那些卓越的企業（組織）考慮的問題。實際上，這是需要莫大的勇氣的，因為這種原始創新可能意味著對該企業自身原有技術、產業的顛覆。勇於成為自己的掘墓人，才能避免Nokia、柯達那樣被破壞性技術所顛覆的命運。

　　半導體研究從帶有風險性的攻關課題組開始，在第二次世界大戰後發展成為攻堅的團隊，實施多學科專業、人才合理配對的組織合作。團隊有半導體組與材料冶金組配對；半導體組內有理論物理學家與實驗物理學家配對，材料冶金組內有化學家與冶金學家配對；從整體而言，還有基礎研究與新產品開發應用的配對。按貝爾實驗室首任總裁朱維特（F. B. Jewett）的說法，將這些配對相互「搭焊」起來，讓資訊雙向順利流通，從而形成一個組織化的攻堅團隊。貝爾實驗室的團隊模式是一種組織創新，後來對美國乃至其他國家的科學研究機構都有重要影響。團隊及配對之間難免會有差異或矛盾，這就需要在管理上加以溝通和協調，關鍵是上層要營造出創新環境，激勵大家一起向大目標努力。貝爾實驗室制定了大學式的研究環境政策，科學研究人員獲得發明專利後的成果都允許在一定範圍內的刊物上發表或在學術會議上交流。貝爾實驗室的房間設計專門採用了可調節和組合的間壁結構，以便按研究需求調整房間的結構和大小。正是有了如此適於創新的環境，圍繞電晶體的創意才層出不窮，成果不斷湧現。可見，團隊配對合作、營造創新環境，這是創新所必不可少的條件。

　　電晶體發明之後，貝爾實驗室並沒有因為已達到既定目標而減慢步伐，而是加快研究電晶體在通訊和控制系統中的用途，並對單晶材料及製造工藝的研究加大投入，以期實現質優價廉的批量生產，以及進一步向其他方面（積體電路、光通訊元件等）擴展。可以說，沒有半導體材料的提純和生長單晶以及摻入雜質的技術，高性能的電晶體就不可能誕生；沒有矽氧化物掩膜、電路圖印刷、蝕刻和擴散技術，平面式電晶體和積體電路也不可能實現，微電子技術的發展更無從談起。為加快電晶體的推廣應用，貝爾實驗室又開發了導線和引線的熱壓接合技術、外延生長技術和分子束外延技術等。之後，貝爾實驗室研製成功世界上第一臺電晶體電腦，而類比式通訊向數位化通訊的轉變也在此起航。這一進程向世人展示了產研密切結合的重要性。而事實上，單純的研究導向的組織（如大學、基礎型的科學研究院所）大多以基礎研究、應用性基礎研究為主要業務，很難像貝爾實驗室那樣對應用和開發研究做如此大規模投入。而產業化導向的研究型組織（如企業附屬的研究院所、獨立的產業化研究院所）往往能夠將純理論和純實踐進行結合，將技術發明推向大規模產業化。

第五節　技術創新的歸宿

　　技術創新究竟能夠為人類社會帶來什麼樣的福音？對於這個問題，有學者是持懷疑態度的。姑且不論那些看起來就讓普通人心生厭惡甚至避之不及的技術創新成果，例如原子彈、機關槍、毒藥，就是那些第一眼看起來讓人愉快的創新成果，也有可能在事實上束縛了人類的手腳，而不是賦予人類更大的自由。

　　例如，農業革命使人類獲得了小麥、水稻、馬鈴薯等穩定的食物來源，然而人卻因此被束縛在了固定的土地上，並且原本多樣化的食物來源變得單一化。有學者認為，這導致了人類的健康狀況不是改善而是惡化。因此，這種技術創新實際上降低了人類的幸福指數。[1]

　　另一個例子就是電腦、網際網路和智慧型手機。資訊化時代極大的豐富了我們的體驗，使人類獲取知識、生產知識和運用知識的能力獲得了前所未有的爆炸式的成長。然而，另一方面，走在馬路上的低頭族（埋頭看手機的人）越來越多，頸椎病、腰椎間盤突出、視力下降的現象也前所未有的普遍起來。我在上海大學的同事就有好幾個因為離不開電腦和手機而患上腱鞘炎、頸椎病，不得不求助於上海最好的醫院的頂尖專家，有的甚至還做了手術。

　　這樣看來，那些持「技術創新實際上弊大於利」觀點的學者所提出的論據似乎無可辯駁。

　　然而，與之相對的，我們可以發現，正是由於接踵出現的技術創新，人的經歷比起過去顯得越來越多樣化。由於紡織技術的進步，我們可以在盛夏的海邊穿上清涼的短褲和比基尼，而在大雪紛飛的寒冬穿上輕便透氣的羽絨服。由於飼養、耕作和食品製作技術的發展，我們可以嘗到麻辣的川菜、清爽的壽司、豐盛的火雞宴。由於建築材料和工程技

1　尤瓦爾・赫拉利 (Yuval Noah Harari)・人類簡史 [M]・北京：中信出版社，2014.

術的升級，我們可以住在冬暖夏涼的房子裡。由於機械製造、材料、電子通訊、電腦等多種技術的升級，我們如今擁有了更適合出門的 SUV（運動型多用途車）、高速火車、大型超音速飛機和郵輪（未來可能還有商用火箭和商用太空船）。人類的經歷變得前所未有的豐富。一個小孩在三歲之前所看到、聽到、用到的物品數量，可能是一個唐朝皇帝一輩子經歷過的十倍甚至百倍。因此，我們可以說，由於技術的發展，用生理學指標（比如多巴胺濃度）衡量的人的精神愉悅程度比我們的原始祖先的確是可能降低了，但是人的體驗卻極大的豐富了。

正因如此，當我們把「生活在原始社會還是生活在現代社會」這道選擇題放在現代人面前的時候，不用懷疑幾乎所有人的選擇會是後者。儘管生活在現代社會可能讓人每天都會因繳納水電瓦斯費、面對上司的高壓冷眼和同事的鉤心鬥角而心煩不已，人類還是願意忍受這一切，並在一個無所事事的夜晚，捧著爆米花和可口可樂，像「馬鈴薯」一般的半躺在床上，看著對面 52 吋液晶電視裡面的喜劇明星傻樂。

當我們把技術創新的成果與馬斯洛的需求層次理論進行對照的時候，我們就會發現：第一層面的需求，也就是生理需求，已經在人類的解放體力的創新浪潮中基本上滿足了。石器和火的出現，基本上解決了人的生存問題，使人在酷熱的夏天和嚴寒的冬季能夠獲得足夠的食物和水。從第二層面往上的需求主要是精神需求，人們用以四大發明、光和電、半導體等為代表的技術創新來滿足這些需求。不可否認的是，人類社會——至少是具有相當發展水準的人類社會——已經擺脫了食不果腹、衣不蔽體的階段，更多的考慮精神層面的需求。

人類早已脫離了農業社會階段，依次進入工業社會、後工業社會、資訊社會。後來的技術創新，不論是飛機、火箭，還是彩色電視、冰箱，都是為了更多的滿足人的精神需求（冰箱的功能主要是為了滿足人們在炎炎夏日也能吃上雪糕這個精神需求而不是活下去的生理需求）。

甚至最近出現的性愛機器人，也是為了滿足人的獵奇心理，而不是真正要去滿足基本的性生理需求。

從這個意義上說，人的體驗主要是精神層面的，而非物質層面的。正是五花八門的技術創新成果滿足了人們的多種多樣的精神需求，從而豐富了人的體驗，為人類登上新的階梯而鋪平了道路。

今天，人的工作、生活節奏越來越快，大腦使用的頻率和強度都越來越超出四肢和軀幹。有人類學家認為，這是生物進化的喪鐘。有朝一日，人類的外表看起來就像是一個加強版的外星人 E.T. 一個碩大的腦袋，加上一個豆芽菜般的軀幹。也有可能，在不久的未來，晶片植入大腦就將變成現實，就像電影《駭客任務》（Matrix）所描述的那樣，人腦的功能得到了極大的加強。

更進一步，有朝一日，或許人會實現虛擬的存在，就像科幻小說《時間移民》所描述的那樣，每個人成為網路中的一個訊號、一個脈衝，不再有軀幹四肢，不再有眼睛耳朵，連大腦都不需要了。為什麼會有人選擇虛擬的存在？真實的、有血有肉的存在不是更好嗎？或許，虛擬存在的體驗是壓倒現有的真實存在的所有體驗的。正因如此，有可能人類──或者是一部分人──會做出那樣的選擇。至於那種選擇有什麼風險，可能產生什麼糟糕的後果，那就不是我們現在能夠考慮清楚的了。但是我們應當相信──或者說願意相信，那時的人類能夠做出全方位的正確的評估和選擇。最終，人類會不會只剩下意識，漫遊在空間和時間，就像亞瑟‧克拉克的《2001：太空漫遊》所描述的那樣？我們不得而知。在這條通往未來的道路上，有太多的可能，太多的不確定性。每一次創新，都有可能把我們引向一個未卜的前途。

第三章

科學的腳步：暗夜中舞動的精靈

第一節 科學啟蒙：走出中世紀的黑暗

　　整體來說，創新的科學時代比技術時代來得晚一些。人類學會用石斧、石刀是幾百萬年前的事，學會用火也是在幾萬年前。然而，為什麼石斧、石刀能夠產生比手掌、手臂更大的力量？為什麼火能夠把東西加熱、烤熟乃至燒焦？這些問題都太理論化，遠沒有實用效果來得重要。

　　人是實用主義的動物，也就意味著功利性始終占據著我們的內心。時至今日，企業家也總是把一句話掛在嘴上：「不要跟我談什麼理論，我只關心結果。」不過，實際情況是：如果不去思考理論問題，那麼很多事情就根本沒辦法完成。而理論問題的闡明，恰恰是科學的任務。

　　在人類文明的早期，大多數人的確不關心理論問題，對科學研究缺少興趣，也沒什麼概念。不過，在 2,000 多年前的古希臘文明時代，經濟生活高度繁榮，科學和技術一度達到相當發達的水準。就有那麼一些人，對於純理論問題情有獨鍾。那一時期的科學和技術很難分開，事實上，科學、技術問題和哲學問題相當緊密的相連在一起。很多問題，既是科學問題，又是哲學問題。當時的哲學家柏拉圖（Plato）寫下的哲學對話錄，就既包括了獲得知識的方法，也包括了倫理學、形而上學、推理等概要的觀點。在他看來，知識只能透過沉思、冥想、推理而獲得。

　　柏拉圖的學生亞里斯多德認為分析學或邏輯學是一切科學的工具。他是形式邏輯學的奠基人，他力圖把思考形式和存在相連起來，並按照客觀實際來闡明邏輯的範疇。亞里斯多德研究了推理，認為推理是透過前提得出必然結論的邏輯形式。他提出的直言三段論是一個相當完整的演繹推理理論，是一個初級的公理化系統。亞里斯多德把他的發現運用到科學理論上來。作為例證，他選擇了數學學科，特別是幾何學，因為幾何學當時已經發展到了具有比較完備的演繹形式的階段。亞里斯多德還曾提出許多數學和物理學的概念，如極限、無窮數、力的合成等。

　　實際上，古希臘湧現了不少傑出的數學家，例如丟番圖（Diophantus）、歐幾里得（Euclid）、阿基米德（Archimedes）。而數學的發展在很大程度上的確是依靠推導、冥想。想想看，「直角三角形的兩條直角邊的平方和等於斜邊的平方」，這樣的理論創新並不是來源於木匠們的長期實踐，而是根據直角三角形固有的特性，運用數學原理而推演出來的。這樣看來，柏拉圖和蘇格拉底（Socrates）的觀點至少在那個時代是正確的。實際上，古希臘的確成為演繹幾何學、形式邏輯和第一原理的形而上學的發源地，這也使其成為現代科學思想的發祥地。

　　然而，與柏拉圖相比，亞里斯多德更像一個經驗主義者。柏拉圖認為理念是實物的原型，它不依賴於實物而獨立存在；亞里斯多德則認為實物本身包含著本質。柏拉圖斷言感覺不可能是真實知識的泉源；亞里斯多德卻認為知識起源於感覺。此外，他還發現，透過系統的實驗，可以找出事物的因果關係。因此，他很重視從感觀獲得知識。所以，我們稱亞里斯多德為一個早期的唯物主義者也不為過。

　　不幸的是，漫長而黑暗的中世紀，消磨了人們的意志，古希臘、古羅馬時代遺留下來的科學精神損失殆盡。「科學只是教會的恭順的婢女，它不得超越宗教所規定的界限。」為數不多的科學家遭到了基督教教廷的迫害。哥白尼、布魯諾、希帕提婭（Hypatia）、塞爾維特（Servetus）……宗教的壓制，使得科學上的創新幾乎喪失了所有的可能性。「學術研究已經在我們中間死去」。在這個黑暗沉悶的時代，儘管在生產生活的各個領域，技術進步仍然或多或少的發生，然而科學卻受到宗教強有力的束縛，幾乎陷入停滯不前的境地。

　　不過，即使是在那樣的黑暗日子裡，人類的科學創新也並不是一無所獲。在數學領域，義大利人斐波那契（Leonardoda Fibonacci）在他的以翻譯阿拉伯人的作品為主要內容的《計算書》中，向歐洲人介紹了印度－阿拉伯數字，也就是印度的計數體系（阿拉伯數字其實是來源於

印度，因此更加準確的說法應該叫印度數字）。儘管與希臘的計數體系產生了競爭，印度體系還是占據了上風，並被許多數學家所廣泛採用。可見，「引進—消化—吸收」的創新模式，早在中世紀也已經被歐洲人採用了。

在曆法方面，西元 1582 年，羅馬教宗葛利果十三世（Gregorius XIII）把西元 1582 年 10 月 4 日的下一天定為 10 月 15 日，中間消去了 10 天。同時規定：凡西元年數能被 4 整除的是閏年，但當西元年數後邊是帶兩個 0 的「世紀年」時，必須能被 400 整除的年才是閏年。這樣一來，基本上把自凱撒（Caesar）、屋大維（Augustus）以來採用的曆法所累積的誤差消除了。曆法的這一創新，對人類的生產生活產生了重大的影響。至少，大家對什麼時候舉辦新年音樂會、什麼時候放假、什麼時候親朋好友過生日、什麼時候參加各級考試都沒有異議了。

鍊金術（Alchemy）是中世紀的一種化學哲學的思想和始祖，是當代化學的雛形。鍊金術是起於 12 世紀歐洲的一個名字。到西元 8 世紀，鍊金術真正開始了。鍊金術士相信，鍊金術的精餾和提純賤金屬，是一道經由死亡、復活而完善的過程。西方的不少國王，如英國國王亨利六世（Henry VI）、法國國王查理七世（Charles VII）等，也跟中國古代的秦始皇、漢武帝一樣，一心希望透過鍊金術使自己達到長壽永生。然而，這一技術逐漸演化為一門獨立的學科，還是要拜許多學者所賜。例如，羅傑 · 培根（Roger Bacon）就宣稱：「鍊金術是諸多認識世界的方法之一。」還有後來的艾薩克 · 牛頓（Isaac Newton）、羅伯特 · 波以耳（Robert Boyle），逐漸去除了鍊金術中的神祕學思想，指出：「化學，……必須像物理學那樣，立足於嚴密的實驗基礎之上。」化學，作為鍊金術的不斷創新的結果，逐漸浮出了水面。

談到牛頓，就不能不提到他在光學領域的成就。他用三稜鏡研究日光，得出結論：白光是由不同顏色的光混合而成的，不同波長的光有不

同的折射率。在可見光中，紅光波長最長，折射率最小；紫光波長最短，折射率最大。這一重要發現成為光譜分析的基礎。在他的著作《光學》一書中，他還詳細闡述了光的粒子理論，成為光的粒子理論的創立者。然而，早在牛頓之前近 100 年，近代光學的奠基者，德國人克卜勒（Johannes Kepler），就已經研究過光的折射問題，提出了光線和光束的表示法，並闡述了近代望遠鏡理論。他甚至發明了克卜勒望遠鏡。公平的說，牛頓的光學研究成就，在很大程度上是建立在克卜勒等人研究的基礎上的。

在那樣黑暗的日子裡，最重要的科學創新來自於天文學、力學。在西元 1515 年以前撰寫的一份手稿中，波蘭的哥白尼（Nicolaus Copernicus）就指出：太陽是宇宙的中心，地球繞自轉軸自轉，並與五大行星一起繞太陽公轉；只有月球繞地球運轉。然而，作為一個虔誠的天主教徒，他深知自己的理論與基督教義、托勒密的地心說理論格格不入，因此遲遲不能下決心把研究結果公之於眾。直到西元 1543 年，他在彌留之際，在朋友的勸導下，他才把《天體運行論》付梓。西元 1543 年 5 月 24 日，他在病榻上收到出版商從紐倫堡寄來的《天體運行論》樣書，他只摸了摸書的封面，便與世長辭。能夠公布這一科學創新的成果，卻又是在這麼晚的時間點，這是他的不幸，卻也是世界的萬幸。接下來，義大利的布魯諾（Giordano Bruno）被羅馬的宗教裁判所裁定為「異端」，燒死在羅馬的鮮花廣場。他也因此常常被人們看作近代科學興起的先驅者、一位捍衛科學真理並為此獻身的殉道士。[1]

後來，克卜勒發現了行星運動的三大定律：軌道定律、面積定律和週期定律。義大利人伽利略（Galileo Galilei）則用望遠鏡觀察天體，得到了大量的成果。他發現所見恆星的數目隨著望遠鏡倍率的增大而增加；

1　這件事目前還存在爭議。例如，有人指出，布魯諾並不是因為哥白尼的日心說而死的，一個證據是，在他被燒死時，羅馬教會根本還沒有查禁哥白尼的《天球運行論》。

銀河是由無數單個的恆星組成的；月球表面有崎嶇不平的現象；木星有四個衛星（其實是眾多木衛中的最大的四個）。他還發現了太陽黑子，並且認為黑子是日面上的現象。根據他的觀測結果，他反駁了托勒密的地心體系，有力的支持了哥白尼的日心學說。伽利略既是勤奮的科學家，又是虔誠的天主教徒，深信科學家的任務是探索自然規律，而教會的職能是管理人們的靈魂，不應互相侵犯。事實上，他多次前往羅馬，拜見教宗，力圖說明日心說可以與基督教教義相協調，說「聖經是教人如何進天國，而不是教人知道天體是如何運轉的」；並且試圖以此說服一些大主教。可惜他的努力毫無效果。教宗保祿五世（Paulus V）在西元1616 年下達了著名的「西元 1616 年禁令」，禁止他以口頭的或文字的形式保持、傳授或捍衛日心說。可伽利略是不屈服的。西元 1632 年，他的《關於托勒密和哥白尼兩大世界體系對話》一書面世，筆調詼諧，對教宗和教會進行了調侃。這激怒了教會。宗教法庭把伽利略傳到法庭，宣判他有罪，並責令他懺悔，放棄自己證明了的學說，禁止《對話》流傳。直到 300 多年後的 1979 年，羅馬教宗才不得不在公開集會上宣布：對伽利略的宣判是不公正的。

可見，自從有了人類歷史以來，在宗教、信仰、權威的面前，創新，尤其是科學的創新之路總是那麼艱難。相比於技術創新，科學創新往往從更深層面撼動了傳統的意識觀念、社會形態，從而可能對既有的社會階層、利益分配、權力系統產生影響甚至是顛覆，因此也更容易遭到既得利益者的抵制甚至迫害。時至今日，在不同的場合，不同的背景，各種權威（包括學術權威、政治權威）也總是以這樣那樣的名義對科學創新進行壓制。儘管如此，地火在地下的奔突、運行是不容易被完全阻止的。科學創新的腳步從來都不會被權威所羈絆。

15 世紀末、16 世紀初，義大利的李奧納多・達文西（Leonardo di ser Piero da Vinci）在工程技術、物理學、生理學、天文學方面的思想

都具有劃時代的意義。他提出了連通器原理，發現了慣性原理；他得出了摩擦力的定義，發現了槓桿的基本原理，重新證明了阿基米德所得到的流體靜力學結論；他設計了水下呼吸裝置、風速計、陀螺儀、飛行器，甚至機器人的雛形；他還認為地球只是一顆繞太陽運轉的行星，太陽本身是不運動的。達文西可以說是古代科學創新和技術創新的一位集大成者。事實上，經過許多科學家的努力，到 16 世紀，在天文學和力學方面，人類已經累積了豐富的資料。

接下來，伽利略最早對動力學進行了定量研究。他對物體的自由下落運動做了仔細的觀察，並且在比薩斜塔上做了那個著名的自由落體實驗。在今天的人看來，拿起兩個大小不一樣的鉛球（或者別的任何不一樣質量的東西）讓它們從高處落下來，似乎沒什麼大不了的。然而在伽利略那個時代，這意味著對原有認知的徹底顛覆，完全稱得上是顛覆式創新。伽利略對實驗的重視，恰好繼承了亞里斯多德的衣缽，打破了宗教對人們思想的禁錮。正是由於他第一個把實驗引進力學研究，並且深入的研究了重力、速度、加速度等基本概念，經典力學的基礎才得以奠定。具有諷刺意味的是，正是對亞里斯多德的實驗主義的繼承和發揚，伽利略的研究成果——重力加速度對所有物體是恆定的——推翻了亞里斯多德的「重物比輕物下落快」的理論。

作為同時代的人，伽利略和克卜勒分別發現了地上物體運動的三個力學定律和天體運動的三個力學定律。得益於此，並綜合了哥白尼等人的成果，艾薩克・牛頓實現了天上力學和地上力學的綜合，形成了統一的力學體系。在西元 1687 年出版的《自然哲學的數學原理》一書中，他闡述了其後 200 年間都被視作真理的三大運動定律。牛頓把天體和地球統一起來，結束了自古以來的無休止的宇宙學爭論，向人們展示了一個嶄新的世界。此外，在克卜勒、雷恩（Wren）、虎克（Hooke）、惠更斯（Huygens）等科學家研究的基礎上，牛頓還得出了萬有引力定律，哈雷

彗星的發現、地球扁平形狀的發現、天王星和海王星的發現，都證明了萬有引力定律的正確性。

有人評價牛頓是有史以來最偉大的科學家，沒有之一。牛頓自己卻說：「我好像是一個在海邊玩耍的孩子，不時為拾到比通常更光滑的石子或更美麗的貝殼而歡欣鼓舞，而展現在我面前的是完全未探明的真理之海。」在今天的大多數人看來，牛頓幾乎是憑藉一己之力，做出了近代力學史上最大的科學創新。不過事實並非如此。牛頓自己也說：「如果我看得更遠一點的話，是因為我站在巨人的肩膀上。」他的科學創新，包括數學方面的微積分的發明、力學三大定律的發現、光的色散現象和光的粒子理論，都是建立在前人的成果的基礎上的。因此，可以說是漸進式創新，而不是突破式創新。即使如此，牛頓作為科學巨人的地位也是無法撼動的。由此可見，漸進式創新並非無關緊要。恰恰相反，一次小小的漸進式創新，也很有可能為人們帶來一場認知、理念上的根本性的革命。

中世紀末期，封建制度逐步解體。在義大利的商業貿易中心佛羅倫斯，最早興起了以弘揚人文主義為核心的文藝復興運動。文藝復興不只是一場復興古典文化的運動，更是一場新時代的啟蒙運動。在繪畫、文學、雕塑、建築等各個領域，歌頌人性、倡導自由、弘揚人權的新思想、新潮流不斷湧現。

與此同時，新時代日益深入人心的人文主義思想，力圖將人從神的統治下解放出來。在西元 1517 年，德國教士馬丁 · 路德 (Martin Luther) 提出了新教學說，主張信仰高於一切。唯有人心中有信仰，才能得救。路德以宗教的語言，表達了那個時代人們心中自由、平等的觀念，在基督教世界播撒著人文主義精神的種子。

從西元 1271 年，義大利人馬可 · 波羅 (Marco Polo) 跟著父親和叔叔沿陸路去東方旅行開始，歐洲商人就陷入了對東方文明、

東方財富的狂熱追逐。出生於義大利熱那亞的克里斯多福 · 哥倫布（Christopher Columbus）在葡萄牙碰壁，甚至妻子都離開了他。但是他堅持不懈，終於得到西班牙王室的資助，於西元 1492 年開始西航計畫，共進行四次，發現了北美大陸和南美大陸，但他至死都始終認為自己找到了亞洲大陸。雖然哥倫布的西航沒有達到其功利性的目的，但是空前的激發了歐洲人的探險精神和想像力。後來的義大利探險家亞美利哥 · 維斯普奇（Amerigo Vespucci）到達美洲大陸，做了詳細考察，並且向世界宣布了新大陸的概念，一下子沖垮了中世紀西方地理學的絕對權威制定的地球結構體系。後來，新大陸也以他的名字命名。西元 1497 年，葡萄牙人瓦斯科 · 達伽馬（Vasco da Gama）率領四艘船離開里斯本，開始探索由非洲到印度的航路，並成功的到達印度西海岸。像哥倫布一樣，在葡萄牙鬱鬱不得志的斐迪南 · 麥哲倫（Ferdinand Magellan）於西元 1517 年來到西班牙，立志完成哥倫布當年沒能完成的事業：從西面達到真正的東方。西元 1521 年，麥哲倫船隊橫渡了太平洋，來到菲律賓。儘管麥哲倫試圖征服這裡的土著居民，最終客死他鄉，但是最終仍然有 18 名船員駕駛著一艘「維多利亞號」返回了歐洲。地理大發現的這些先行者們，不管他們的利益動機是什麼，客觀上都極大的推動了人們對客觀世界認識的加深，並促使歐洲人重新審視自己傳統的世界觀，從而對原有的以天主教為主導的世界體系重新認識。

　　在以上這些因素的驅使下，以牛頓為代表的科學家們，從數學、力學、光學、天文學等領域對傳統理論發起了衝擊。儘管在今天看來，他們的理論平淡無奇，其中許多理論甚至已經是兒童們的常識，但是在他們那個時代就像晴天霹靂。科學研究的先行者們，就這麼一步一步緩慢的、然而堅定的向前推進。每一點微小的進步，都意味著與真理更接近了一步。量變引起質變，直到最後捅破窗戶紙的那一個理論出現。從理論發展的沿革來看，最後那一步只能稱得上是漸進式創新；但是從效果

來看，卻無疑是一大革命。

　　牛頓、克卜勒、伽利略、達文西等人都是不折不扣的知識淵博的智者。據說牛頓的智商達到290（可是他性格靦腆，羞於向女孩表白，終身未婚未育）。他們不僅術業有專攻，而且涉獵廣泛，可以稱得上是真正的博學之士。

　　人類文明發展的進程是如此之快，僅僅300多年過去，學科的細分就已經達到相當的程度。不光是數學、物理學、光學、天文學之間鴻溝高深，就算在純物理學內部，也產生了經典力學、熱力學和統計力學、電磁學、相對論、量子力學等分支。在今天的大學校園裡，一個電磁學專家碰到一位經典力學高手，兩個人就一個問題展開討論，就已經很難碰撞出高山流水那樣的心有戚戚焉的感覺，更有可能的，彼此會覺得是對牛彈琴。小學科尚且如此，能夠跨越大學科、通曉多門學問的真正的「博士」就更難出現了。因此，今天的科學創新，已經越來越深入到各個小學科的內部。試圖橫跨多學科的大範圍意義上的創新，已經是難上加難。舉例來說，物理學界長期以來試圖建立統一場論，可是到目前為止還看不到獲得突破的希望。誠然，要在多個細分學科都具有相當高深的造詣，對一個學者的要求比他在300年前的前輩要高得多。人的時間和精力是有限的。儘管人的智力水準也在不斷的刷新紀錄，仍然難以趕上學科深奧程度的迅速增加。如果我們用一個分式來表示博學者出現的可能性：人的智力水準／學科深奧程度，那麼也許我們能更明顯的體會，分子的增加速度遠遠趕不上分母的增加速度。這也使得博學者的出現在今天變得越來越難。

　　中世紀的中後期到文藝復興的早期，見證了人類認識自然歷史的第一次大跳躍和理論大綜合。阿拉伯數字的引入和微積分的創立，光的色散的發現，化學研究的進步，牛頓經典力學定律的橫空出世，日心說的一波三折的確立……所有這些新發現，都不斷更新著人們的認知。大量

的科學創新不斷湧現，使人們的思維經歷著一次又一次天翻地覆的革命。頭腦中已有的曾經貌似堅不可摧的大廈一次又一次的崩塌、重建、崩塌、重建……一個新的時代得以開闢，並對科學發展的進程以及後代科學家們的思考方式產生了深遠的影響。

第二節　爆發前的地火：電磁學

電磁學的進步，在科學發展史上具有突出的典型性。18 世紀的歐洲，經歷了文藝復興的熱潮，剛剛走出中世紀的矇昧，世界迫切的呼喚著思考方式的新突破。電磁學方面的進步來得正是時候。

西元 1733 年，法國人篤費（Charles Francois de Cisternay du Fay）就發現電有兩種：松香電和玻璃電。而且，這兩種電是同性相斥、異性相吸的。之後不久，萊頓瓶──一種簡單的電容器被發明出來。這樣一來，電學研究者總算有了可靠的能夠儲存電荷的裝置了。借助萊頓瓶，美國人富蘭克林用著名的風箏實驗證明了天上的電與人間的電是同一件事，並且發明了避雷針。

西元 1777 年，法國物理學家庫侖（Charles-Augustin de Coulomb）透過研究毛髮和金屬絲的扭轉彈性而發明了扭秤。後來，他用扭秤推導出了兩個靜止電荷間相互作用力與距離的平反成反比的規律，後來被稱為庫侖定律，而具有特殊意味的是，這一發現是從牛頓的萬有引力定律得到啟發的。從數學公式的表達上就可以看出來，這兩個定律長得就像孿生兄弟。

事實上，這種「模仿式創新」不僅發生在技術創新領域，在科學創新領域也屢見不鮮。庫侖可以把力學、電磁學之間的邊界打通，牛頓把力學與天文學之間的邊界打通，都得到了舉世矚目的成果。進一步推廣，在科學幻想領域，類比的方法可以應用的範疇就更廣泛得多了。劉慈欣，一位中國的科幻作家，嘗試著把天文學與社會學之間的邊界打通，把「Where is everybody?」這個費米悖論用社會學和博弈論進行解釋，從內心深處撼動了無數的科幻讀者。這種透過嚴密的推導獲得的科幻成果，可以說是當之無愧的突破性的創新，也幫助劉慈欣獲得了雨果獎。

正如何曉陽所說：「我們人類現在科學越來越發達，但是學科的分類也越來越垂直，很少有人能夠從更高的高度去描述學科之間的關聯，在學科與學科之間的交界處，出現了明顯的斷層，有些還有明顯的不相容。」因此，今天的科學研究，迫切的需要跨界創新、交叉創新、模仿創新。

西元 1780 年，義大利的一位醫生伽伐尼（Luigi Galvani）在解剖青蛙時，把蛙腿剝了皮。當他用刀尖碰到蛙腿上外露的神經時，蛙腿劇烈的痙攣，同時出現了電火花。死蛙運動！西元 1800 年，另外一個義大利人伏打（Alessandro Giuseppe Antonio Anastasio Volta）發明了電堆。電堆能產生持續、穩定的電流，它的強度的數量級比從靜電起電機能得到的電流大，這也是世界上第一個真正的電池。一場真正的電學革命因此得以開始。

到目前為止，電學的發展還是在孤單的軌道上獨自前行。磁學這一孿生兄弟只是偶爾插隊進來做做鬼臉，還沒有正式的加入這一行列。尤其是，自從庫侖提出電和磁有本質上的區別以來，很少有人會再去思考它們之間的連結。可是，丹麥人奧斯特（Hans Christian Oersted）一直相信電、磁、光等現象相互存在內在的連結，尤其是富蘭克林曾經發現萊頓瓶放電能使鋼針磁化，更堅定了他的觀點。

在西元 1820 年 4 月奧斯特進行的一次講座中，當伽伐尼電池與鉑絲相連時，靠近鉑絲的小磁針擺動了。這沒有引起聽眾的注意，而奧斯特注意到了這一不顯眼的現象，非常興奮。他接連三個月深入的研究，終於在西元 1820 年 7 月宣布：在通電導線的周圍，發生了一種「電流衝擊」，這種衝擊只能作用在磁性粒子上，對非磁性物體是可以穿過的。磁性物質或磁性粒子受到這些衝擊時，阻礙它穿過，於是就被帶動，發生了偏轉。雖然這種解釋不完全正確，但是畢竟證明了電和磁能相互轉化。從此，電學和磁學這一對孿生子終於走到了同一個發展軌道上。物

第三章　科學的腳步：暗夜中舞動的精靈

理學的一個新領域——電磁學——被開闢了。

從奧斯特的電磁效應實驗可以看到，重要的科學發現往往只眷顧那些有心人。這個「有心」有兩層含義：一是當事人心中一直對某個問題懸而未決、心有不甘。二是當事人是一個善於觀察、關注細節的人。我們一直強調關注細節，可是這一特質能夠產生什麼樣的效應？我們很少進行正面的說明。

「事出反常必有妖」，這句話並不總是貶義的。偉大的科學發現，往往和細節的反常相連在一起。實驗過程中出現反常的細節可能有兩種：與常識相反，或者與過去的實驗結果相反。這種現象的出現無非可能有幾個原因：一是常識錯了；二是觀測的過程和方法出錯了；三是細節當中蘊含著新的原理，從而可能導致新的發現和新的理論的誕生。可惜的是，大多數人（包括一些卓越的科學家）也經常犯錯，認為反常的出現往往歸咎於第二種原因。這樣一來，他們就與做出科學創新的機會擦肩而過了。只有那些不相信傳統、不迷信權威、不漏過任何一個細節的真正卓越的學者，才能見微知著，掌握每一個機會，從細微的變化深入挖掘下去，獲得出色的研究成果，為科學的創新再次書寫濃重的一筆。

奧斯特的實驗立刻引起了法國人安培（André Marie Ampère）的注意，使他長期信奉庫侖關於電、磁沒有關係的信條受到極大震動，他全部精力集中研究，僅僅兩週後就提出了磁針轉動方向和電流方向的關係及著名的右手定則的報告，也就是安培定則。緊接著，他又提出了電流方向相同的兩條平行載流導線互相吸引、電流方向相反的兩條平行載流導線互相排斥的命題。後來，安培做了關於電流相互作用的四個精巧的實驗，並運用高度的數學技巧總結出電流元之間作用力的定律，描述兩電流元之間的相互作用與兩電流元的大小、間距以及相對取向之間的關係。後來人們把該定律稱為安培定律。這個定律與庫侖定律很相似。安培的工作已經非常出色了，但是他仍然寫道：「奧斯特先生已經永遠

把他的名字和一個新紀元連結在一起了。」的確，西元 1820 年 4 月奧斯特發現的電磁效應是科學史上的重大發現，它立即引起了那些懂得它的重要性和價值的人們的注意。在這一重大發現之後，一系列的新發現接連出現。說奧斯特的科學創新揭開了物理學史上的一個新紀元是毫不為過的。

在此之後，必歐（Jean-Baptiste Biot）、歐姆（Georg Simon Ohm）等許多學者先後為推動電磁學的發展和創新做了出色的工作。不過，最重要的兩個推動者毫無疑問是法拉第和馬克士威。

作為一個鐵匠的兒子，法拉第（Michael Faraday）沒有得到多少正規教育。幸運的是，他在 21 歲時聆聽了化學大師戴維的四次演講，並勇敢的向戴維自薦，得到了大師的認可和接受。從此，他得以成為戴維的助手，迅速成長為一名出色的學者。

西元 1821 年 9 月，法拉第重複了奧斯特的實驗，他將小磁針放在電流導線周圍的不同地方，發現小磁針的磁極受到電流作用後，有沿著環繞導線圓周旋轉的傾向，這比奧斯特的實驗前進了一步。據此法拉第還做出了一種磁旋轉器。西元 1822 年，法拉第在日記中寫下：「磁能轉化成電。」圍繞這麼簡單的一句話，他對此進行了長達 10 年的系統的探索，進行了無數次實驗。在工作日記中，他寫下了大量的毫無結果的失敗紀錄，也記載了科學預見的光輝思想。法拉第堅持寫工作日記幾十年，百折不回，持之以恆，直到生命的終結，這在科學史上也是少見的。

從西元 1831 年 8 月到 10 月，法拉第把研究重心從「穩態」轉移到「暫態」上。他用不同數量、不同形狀的導線進行組合，用不同形式的運動來嘗試產生電流，終於得到了「磁生電」的研究成果。11 月，法拉第在一篇論文中概括了能產生感應電流的幾種情況：正在變化的電流；正在變化的磁場；穩恆電流的運動；導體在磁場中運動。他將上述現象

命名為「電磁感應」。至此，法拉第做出了科學史上的偉大創新——揭示電磁感應規律。這為後來發電機的出現奠定了基礎。人類社會跨入了電氣化時代。

實際上，在同時期的地球上，進行「磁生電」探索的並不是只有法拉第一個人。俄國的冷次（Heinrich Lenz）、法國的安培、美國亨利（Henry）都或多或少的做了這方面的工作。可惜的是，他們都與這一創新成果擦肩而過。最可惜的是安培，他已經觀察到在通電瞬間懸掛線圈曾有偏轉產生，但他並沒有抓住「暫態」這一關鍵，真理從他手中溜走了。這又一次證明，在科學創新的過程中，對於細節的掌握是多麼的重要。法拉第的成功之處，在很大程度上歸因於他比別人更加敏銳的洞察力。

不僅如此，法拉第還具有深邃的直覺和非同尋常的想像力。他從大量的實驗中構想出描繪電磁作用的「力線」圖像，提出了電力線、磁力線的概念。並且，他第一次提出了「場」的思想，建立了電場、磁場的概念。「場」概念的提出，是物理觀念上的一次劃時代的革命性創新，極大的豐富了人類對客觀世界運動規律以及物質形態多樣性的認識，為當代物理學的許多進展鋪平了道路。法拉第對數學幾乎是一竅不通，但是他的深邃的哲學思想、敏銳的洞察力和持久思考的能力，不僅彌補了數學能力的不足，反而為他用簡單易懂的語言來描繪「場」這樣簡明優美的概念提供了優勢。

將法拉第的成果發揚光大的，是英國人馬克士威（James Clerk Maxwell）。與精於實驗研究的法拉第不同，馬克士威擅長於理論分析、數學推導。他抱著為法拉第的理論「提供數學方法基礎」的願望，決心把法拉第的天才思想以清晰準確的數學形式表示出來。西元 1856 年，24 歲的馬克士威發表了論文〈論法拉第的力線〉。西元 1862 年、西元 1864 年，他又發表了兩篇論文。終於，在西元 1873 年他的專著

《電磁通論》中，他系統、全面、完美的闡述了電磁場理論，用簡潔、對稱、完美的數學形式表示出來，得到了電磁場的普遍方程組──馬克士威方程組，這也是經典物理學的支柱之一。

馬克士威方程組把電荷、電流、磁場和電場的變化用數學公式全部統一起來了，說明：變化的磁場能夠產生電場，變化的電場能產生磁場，它們將以波動的形式在空間傳播。因此，馬克士威預言了電磁波的存在，電磁波只可能是橫波，並且推導出電磁波傳播速度就是光速，因此他也同時說明了光波就是一種特殊的電磁波，從而揭示了光現象和電磁現象之間的關聯。這樣，馬克士威方程組的建立就象徵著完整的電磁學理論體系的建立。《電磁通論》之於電磁學，就像牛頓的《自然哲學的數學原理》之於經典力學。

在科學探索的道路上，數學發揮著無可替代的重要作用。從本質上講，科學研究就是將萬事萬物進行量化的過程。發源自古希臘的科學精神，主要採取的思想就是「分析」──一分為二，二分為四，四分為八……將每個觀察的個體進行細分、細分、再細分，從而探索事物的本質。這就需要數學工具的大量應用。

法拉第是實驗大師，有著常人所不及之處，但欠缺數學功力，所以他的創見都是以直觀形式來表達的。這是他的局限，也是為什麼當時大多數科學家對法拉第的學說不能接受的原因。馬克士威精通數學，他用精確的數學語言把實驗結果昇華為理論，用數學完美的形式使得法拉第的實驗結果更加和諧美麗，顯示了數學的強大威力。尤其是，馬克士威比以前更為徹底的應用了拉格朗日（Lagrange）的方程式，推廣了動力學的形式體系。這一嘗試是電磁學研究的一大方法創新。

然而，由於沒有實驗的驗證，馬克士威理論在當時得不到大多數科學家的理解，他也得不到應有的榮譽和認可。更糟的是，家庭生活的不幸和困難，使他勞累和焦慮，健康狀況迅速惡化。馬克士威去世時年僅

48 歲，令人扼腕。僅僅不到十年之後，德國人赫茲（Hertz）就用實驗證實了電磁波的存在，全面驗證了馬克士威的電磁理論的正確性。馬克士威終於被公認是「牛頓以後世界上最偉大的數學物理學家」。

透過幾代人的不懈努力，電磁理論的宏偉大廈終於建立起來。在此基礎上，電動機、發電機、電磁鐵、電報機、電話機的技術創新相繼湧現。人類進入了電子通訊技術的時代。

在創新之路上，最需要的就是追根究柢的精神。奧斯特對細節的關注，使他發現了電能與磁能相互轉化的祕密；法拉第為了找到「磁能生電」的祕密，花費了十年時光；馬克士威為了用數學方法表述法拉第的成果，建立了完整的電磁學理論體系。世上的事情，有的時候看起來很簡單，但是最怕的就是連問三個「為什麼」。只要連問三個「為什麼」，往往最厲害的學術大師也可能被難住。這裡面其實蘊含著科學研究的深刻邏輯：演繹。

古希臘的柏拉圖、亞里斯多德等人開創的演繹推理理論，是現代科學研究的堅實基礎。演繹的典型句式是「因為……所以……」。一個原因導致一個結果，簡潔明瞭。要想樹立嚴密的理論體系，就必須嚴格的按照這個邏輯進行推導：一個原因—一個結果；這個結果又成為下一個原因—下一個結果……一環扣一環，步步為營，形成完整的因果鏈。在英語中，cause and effect 就代表了這個意思。今天的科學研究，演繹是主要的思想基礎。就算是做實驗、做實地調查，也必須建立在這個理論的基礎上，否則就是無本之木、無源之水，其結果是不可信的或者不具有推廣價值的。

黑暗的中世紀，與其說是打破了科學研究的這種思想基礎，倒不如說是把這種思想做過頭了。在那個時代，首先你必須承認萬能的「上帝」的存在。然後，這個「上帝」就是一切的、萬事萬物的源頭了。上帝就是所有的演繹過程中的那個最開始的「因為」。所有的事情，都必

須從這個源頭開始推導。所有不符合上帝意志的、上帝邏輯的現象——儘管都是可以被看到、聽到、觸摸到的事實——都被認為是不合理的，甚至是大逆不道的。哥白尼的日心說如此，伽利略的動力學實驗也是如此，因為從「上帝」這個原因推導不出這些實驗的結果。那麼，如果承認這些現象的存在，就等於說「上帝不存在」。這是不能容忍的。於是，必須要讓這些創新者閉上嘴！幸運的是，那個時代已經終結了。在我們這個時代，越來越多的人相信，科學精神是創新的必由之路。但是，這種信仰是不是好事？我們在後面還要談到。

第三節　加速的軌道：人工智慧

　　談到人工智慧（artificial intelligence，AI），首先要理解智慧。智慧是與本能相對應的。那麼什麼是本能？蜜蜂釀蜜，燕子築巢，蜘蛛織網，這些都是不教就會、不學就會的，這就是本能。嬰兒天生會吮奶，老鼠天生會打洞，這也是本能。那麼，不教、不學就不會的，就是智慧了。一些動物具備很初階的智慧，比如猩猩會用樹枝去摳高處的香蕉，警犬會憑嗅覺去抓捕罪犯。不過，動物的智慧畢竟太簡單。一旦談到高等的智慧，就是人類的專利了（至少到目前為止）。一般認為，智慧包括了感知、思考和行動，也就是知識獲取能力、知識處理能力和知識運用能力。

　　語言就是智慧的產物，因為嬰兒天生不會說話，需要長時間的學習和模仿才能學會，而且一開始還錯誤百出，隨著「用中學」、「做中學」才逐漸熟練起來。同樣，開汽車、穿衣服、寫情詩、拍主管馬屁、陪老婆逛街、替寶寶換尿布，這些也是智慧，是需要學習和揣摩才能掌握要領的，否則就可能出現拍主管馬屁卻拍到了馬腿、帶老婆去了她不中意的無名小店的尷尬。

　　自古以來，人類就夢想著憑藉自己的力量，賦予人體以外的東西——生命體或者非生命體——以智慧。在西元前 900 多年的中國，周穆王西遊時，途中遇到一個名叫偃師的匠人，他把一個能歌善舞的機器人獻給穆王。這個機器人走起路來能像真人一樣昂首、低頭，還能歪著臉合乎規律的唱歌，拍起手合乎節拍的跳舞，活靈活現，穆王甚至誤將其當作真人。在西方，古希臘的荷馬史詩中，就有一個瘸子鐵匠用金子製造出一些像有生命的少女，會做各種事情，有力氣，有智慧，能互相談話。西元前 2 世紀，在古埃及亞歷山卓有個人，曾創造了許多自動機來減輕人們的勞動。他的自動機被祭司用來顯示上帝的力量。

　　既然人類要像造物主一般為無生命的東西賦予智慧，那麼首先就要搞清楚，智慧究竟從何而來？

　　目前比較公認的智慧來源是人腦。人腦是一種很奇妙的東西，僅僅140億個神經元，就產生了那麼多複雜的意識、感覺、感應。我們在現場看一場足球賽，一個瞬間的場景就有大約2億像素。照這樣計算，我們的眼睛看到的世界，一小時就有1TB的資料，每天就有最少10TB的資料，一個星期的資料就能塞滿和大腦體積大小差不多的磁盤陣列。不僅如此，大腦還可以不間斷的儲存幾十年，能自動壓縮、去重複、備份重要資料，能隨機提取、按場景提取、按特徵提取……就算技術發展到今天，我們依然需要用幾十個機櫃來解決這樣的問題，而且在某些方面性能還相差很遠——比方說，一個球迷可以在10秒鐘內回憶起五年前第一次現場觀看心愛的拜仁慕尼黑隊的歐冠決賽，崇拜的「小飛俠」羅本（Arjen Robben）用眼花繚亂的動作攻入致勝進球的場景，甚至在進球之後誰第一個衝上去擁抱他、擁抱的是哪個部位、他的臉上激動得出了幾道褶子，都歷歷在目。而要電腦做這個事情，兩個小時也不一定有結果。這是因為長期的進化為人腦預裝了「視覺壓縮和記憶」這一模組。

　　除此之外，大腦還有「人臉識別模組」、「穩定站立和步行模組」、「語言模組」、「計算模組」，更不要說「天生愛美食模組」、「鍾情於旅遊模組」、「為鵝蛋臉美女而瘋狂模組」……這樣一來，大腦看起來就是一臺超強無比的電腦。更厲害的是，人腦能夠輕輕鬆鬆的同時完成上面這些功能。比方說，身穿傳統的巴伐利亞服裝，在看臺上為主隊加油喝采，同時突然認出了旁邊座位的鵝蛋臉的妙齡女郎是自己十年前的國中同學，而且注意到她手中拿的麵包夾香腸是自己最喜歡的蔥油味，並且在接下來的敘舊中驚喜的發現兩個人都為曾經辭職去西藏體驗了一個月的冒險生活而永遠刻骨銘心……所有這些功能，大腦都可以毫不費力的隨時切換，而且能量耗費很少，低碳環保（除非過於緊張，呼吸加

快，心跳加速，血壓升高）。

　　這樣看來，人的大腦就是造物主的匠心獨運之作，是絕無僅有的精品。要造出超越人腦的人工智慧，談何容易？持懷疑態度的人認為，要達到人腦那樣高的目標，幾乎是比登天還難。可是也有人指出：讓人類飛上天，不也曾經被看成是完全不可能的事嗎？

　　實際上，中世紀的歐洲人，就製造了各種能模仿人工作的機器人，如機械粉刷工、麵包工、笛手和鋼琴家等。19世紀，瑪麗‧雪萊（Mary Shelley）的《科學怪人》是科幻小說的起點，其中的怪物也具有人工智慧的特點。1950年，美國的科幻作家艾西莫夫（Isaac Asimov）寫了《我，機器人》一書，描述了把人作為助手而征服了人類的機器人的形象。他已經開始告誡人們，人工智慧的無節制的發展可能引起的社會後果。

　　巧合的是，同樣在1950年，英國人艾倫‧圖靈（Alan Mathison Turing）在〈電腦能思考嗎？〉一文中，替人工智慧下了一個定義：如果一臺機器能夠與人類展開對話（透過電傳設備）而不能被辨別出其機器身分，那麼稱這臺機器具有智慧。這個深刻的、天才的「圖靈測試」的構想，使人工智慧正式跨入了科學研究的殿堂。圖靈因此被公認為人工智慧之父。事實上，早在1936年，圖靈就在理論上提出了一種抽象的計算模型——圖靈機，用紙帶式機器來模擬人們進行數學運算的過程。圖靈因此又被許多人視為電腦科學之父（也有人認為電腦科學之父是約翰‧馮紐曼〔John von Neumann〕）。

　　圖靈對人工智慧的定義在一定程度上可以被看作一種行為主義的觀點。人是很複雜的。簡單的把問題回答正確，可能並不是一個正常的人所做的事情——雖然從決策科學的角度來看，回答正確是很重要的，但是在實際中，人的分析能力、綜合能力、感性都會扮演重要角色。打個比方。如果存在下面的提問和回答，你認為回答者是人還是機器？

問：你會下西洋棋嗎？

答：是的。

問：你會下西洋棋嗎？

答：是的。

問：請再次回答，你會下西洋棋嗎？

答：是的。

你多半會覺得，面前的這位是一部笨機器，因為這傢伙只會簡單的從「答案庫」裡提取簡單答案！

如果提問與回答呈現出另一種狀態：

問：你會下西洋棋嗎？

答：是的。

問：你會下西洋棋嗎？

答：是的，我不是已經說過了嗎？

問：請再次回答，你會下西洋棋嗎？

答：你煩不煩，幹麼老提同樣的問題？

你這時多半會認為：這才是一個活生生的人，因為他知道我一而再再而三的提出同一個問題，他都不耐煩了！

可見，人的智慧不僅僅是正確的決策，不僅取決於智力因素，還有分析、綜合、情感等多種因素的加入。圖靈測試的高超之處就在於此！

令人唏噓的是，圖靈本人的不幸也與智力無關，而是出自性格、情感，甚至性取向。由於他是一名同性戀，因此受到了公審，並被定罪。在接受了一年多的荷爾蒙注射療法之後，41 歲的圖靈咬了一口含有劇毒的氰化物的蘋果，在自己的床上死去。這比 48 歲離世的馬克士威更加令人嘆息。如今，對於創新過程的研究越來越深入到創新者層面的研究，尤其是對創新者的思考模式的研究（包括創新的心理活動、神經刺激、

精神狀態等）。也許，只有把創新思維的本質徹底弄清，人類才能真正掌握科學、技術甚至更多領域的創新的強大工具。至少，不要讓悲劇在馬克士威、圖靈這樣的天才身上重演。

在 1956 年的夏天，10 位朝氣蓬勃的年輕人在美國的達特茅斯學院舉行了一次暑期討論會，介紹與交流數學、邏輯學、心理學、語言學、哲學、控制論、資訊論、電腦科學等領域的最新成果和進展情況，探討機器與人之間的相互關係。在交流探討中，他們萌發了一個樸素的思想：設法使電腦具有人的智慧。他們提出：人工智慧的特徵都可以被精準描述，然後就可以用機器來模擬和實現。他們甚至大膽預言，25 年之後，這一設想將會初見成效。作為這次會議籌備者之一的達特茅斯學院數學系助教約翰 · 麥卡錫（John McCarthy）首先提出了「人工智慧」（artificial intelligence，AI）這一名稱。另外兩名學者，赫伯特 · 賽門（Herbert Alexander Simon）和艾倫 · 紐厄爾（Allen Newell）帶到會議上去的「邏輯理論家」是當時唯一可以工作的 AI 軟體，引起了與會代表的極大興趣與關注。這次歷史性的學術會議正式展開了 AI 的畫卷。

在人類的歷史上，一、兩次小規模的會議往往能夠開創或者左右某個領域的發展軌跡。不僅是德黑蘭會議決定了「二戰」的走勢，不僅是雅爾達會議決定了「二戰」之後的政治形勢，不僅是汽車行業龍頭們在小圓桌會議上討價還價確定市場蛋糕怎麼瓜分，也不僅僅是金融大亨們關在小屋子裡面商量下個季度的市場基準利率。在科學創新的領域，也是如此。原因很簡單：這種會議，撇開了芸芸眾生，踢開了那些邊緣人物和湊熱鬧的人；這種會議的參加者才是這個領域裡真正的重要人士、頂尖學者，才是真正致力於這個圈子的長久發展的核心人物。接下來，他們將憑藉自己已有的基礎、累積，借助各方面的資源，在這個領域的關鍵的成長點上發力——其實，在很大程度上，正是由於他們的關注，

這些「焦點」以後才有可能成為這個領域的熱門項目，因為後來者自然而然會追隨這些先行者；而那些被他們忽視的「點」，自然的也就逐漸被後來者所摒棄了。

達特茅斯會議正是如此，當年的參與者迅速成為 AI 領域的權威。約翰‧麥卡錫開發了 LISP 語言，這也成為 AI 早期發展的主導的程式語言，直接推動了 AI 的發展。艾倫‧紐厄爾和赫伯特‧賽門在卡內基 - 梅隆大學領導了 AI 研究中心的全面工作，在問題求解模型的建立、自然語言理解等方面做出了卓越的貢獻。兩人都成了 AI 和資訊科學的大師（實際上，作為前者的博士生導師，賽門還身兼管理學、心理學、政治學大師多重身分。他在 1978 年甚至獲得了諾貝爾獎，因為他在經濟學方面的成就）。這三個人都先後獲得了圖靈獎。至於馬文‧明斯基（Marvin Minsky），他跟約翰‧麥卡錫聯合創立了世界上首個 AI 實驗室——麻省理工學院 AI 實驗室。他甚至在 1969 年就獲得了圖靈獎，比其他的 AI 研究者都更早。

這幾個人就是 AI 領域的先知先覺者，以及推動者。一方面，他們意識到這個領域大有前途，是未來的一個重要的發展方向，能夠為實踐解決重大問題。另一方面，他們也不遺餘力的致力於推動 AI 的研究，包括開發程式語言、創立研究機構、撰寫研究報告、領導研究團隊，以及最重要的——開發可用的 AI 產品和軟體。慢慢的，越來越多的人意識到這個東西很有用、很有價值，也有利可圖，而且發展潛力強大，於是加入進來。眾人拾柴，AI 的火焰就越燒越旺了。

在達特茅斯會議之後，學術界普遍瀰漫著樂觀情緒。赫伯特‧賽門甚至宣稱在 10 ～ 20 年之內，機器就可以達到和人類智慧一樣的高度。事實上，在算法方面的確出現了很多世界級的創新，比如增強學習的雛形貝爾曼公式。聰明的機器也絡繹不絕的湧現，比如能證明應用題的 STUDENT（1964），還有可以實現簡單人機對話的 ELIZA（1966）。

第一臺工業機器人 Unimate 也在通用汽車生產線上投入工作。在由亞瑟‧克拉克的小說改編的科幻電影《2001：太空漫遊》中，一臺電腦哈爾（Hal）也代表了人們對於 AI 的期待。全世界認為按照這樣的發展速度，AI 真的可以代替人類。這種樂觀漸漸變得狂妄。

　　機器翻譯是 AI 最早發揮其用武之地的領域。有趣的是，這麼一個在當時看起來非常領先的學科，竟然直接和「冷戰」、國際政治搭上了邊。原因很簡單：美國人必須看懂俄文的資料！1957 年，蘇聯成功發射了世界上第一顆人造地球衛星。心高氣傲的美國人哪能受得了這個？當時，美國不少專家聽不懂俄語，看不懂俄文資料，而蘇聯專家卻大多數會英語。為了改變這種「敵人在暗處，我們在明處」的被動局面，剖析和研究蘇聯先進的航太技術，美國專家除了加緊學習俄語之外，還努力促進機器翻譯技術的開發。於是，美國國家科學協會專門成立了「自動語言處理諮詢委員會」，並且組織力量就機器翻譯進行研究。

　　然而，算法尚不成熟，導致詞彙歧義和語法混淆頻繁發生，進而產生令人啼笑皆非的謬誤。例如把英文「The spirit is willing but the flesh is weak.」（力不從心）翻譯成俄文再譯回英文時，竟然得到「The wine is good but the meat is spoiled.」（酒是好的，而肉是變質的）。自動語言處理諮詢委員會發現，花了 2,000 萬美元，帶來的結果卻如此令人失望。機器翻譯的經費預算不得不大幅度削減。

　　另外一個有趣的領域是下棋。之所以有趣，是因為這個話題意味著 AI 與天然智慧（人腦）展開了面對面的競爭。這可是新聞媒體最不能錯過的噱頭！很快，AI 就打敗了西洋棋的中等水準的棋手。

　　不過，很快瓶頸就來臨了。人們發現，邏輯證明器、感知器、增強學習等只能做很簡單、非常專門且很窄的任務，稍微超出範圍就無法應對。機器翻譯就是一個典型，已經難以獲得突破。下棋似乎不是什麼問題，AI 很快就在 A 級西洋棋比賽中打敗所有人類對手、勇得冠軍。可是

這又有什麼看得見的用途呢？除了為著名的科幻電影《魔鬼終結者》提供了想像的空間之外，似乎也乏善可陳。在圖型識別領域，電腦和人的差距就更加遙遠了，遙遠得連彌補這種差距的可能都還看不到。資本是敏感的。看到這個局面，投資者紛紛打起了退堂鼓，AI 研究的冬天如約而至。

倒推 500 年前，那時候的科學研究人員，可以憑著自己的興趣和熱情，用簡單的設備進行前人未做過的研究，有時甚至就是純粹理論上的探索，也有可能得到國際上前所未有的領先成果。然而到了今天，創新已經越來越依賴於資本的力量。沒有大筆金錢的注入，研究者很難買儀器、買設備、買材料、應徵人員、推展學術交流和合作，也就沒法真正成為一個領域的主導者。

AI 的第一次冬天持續的時間不長。1981 年，日本國際貿易和工業部提供了 8.5 億美元用於第五代電腦專案研究，希望透過採用大規模並行程式設計，開發出能像人類一樣進行對話、翻譯、識別圖片和具有理性的電腦。這在當時叫作 AI 電腦。隨後，英國、美國也紛紛響應。AI 的第二春煥發了。在這一次的爆發中出現了「專家系統」這一 AI 程式，其主要的功能是儲存加推理，是一種具有專業知識和經驗的電腦智慧程式系統。

此外，很重要的是，基礎的數學模型也有了重大突破，多層神經網路和 BP 反向傳播算法等都被發明出來。機器已經能自動識別信封上的郵政編碼，精準度達到 99% 以上，超過了普通人。於是，大家又開始說：「AI 還是有戲。」

可是，就在這時，個人電腦（PC）出現了。在靈活多樣、更新極快的 PC 面前，古舊的專家系統顯得臃腫、笨重、遲緩，不堪一擊。AI 又一次跌入了冰窟。

到那時為止，AI 都還是依賴於傳統的大規模電腦、專家系統。這一

老套的思路，制約了 AI 的發展。不過，很快人們就意識到，在以 PC 為基礎、網際網路為紐帶的新格局下，AI 迎來了新的發展機會。

新的數學工具方面，深度學習網路等工具被從數學或其他學科中重新挖掘出來，並進行更深入的研究。新的理論方面，由於數理邏輯清晰，因此資料量和運算量越來越容易被確定。最重要的是，摩爾定律讓運算越來越強大。強大的電腦很少被應用在 AI 早期研究中，因為早期的 AI 研究更多被定義為數學和算法研究。當更強大的運算能力——包括 PC 和網際網路——被運用到 AI，研究效果就顯著提高了。

1997 年，發生了一件意味深長的事情：IBM 公司研發的「深藍」（Deep Blue）電腦戰勝了西洋棋世界冠軍卡斯帕羅夫（Kasparov）。人類初次感到，自己的智力受到了挑戰。

如果說這還不夠的話，那麼 AI 在接下來的表現，足以挑動每一個人的神經。2016 年 3 月，Google 公司研發的 AlphaGo 以 4：1 的總比分擊敗了圍棋世界冠軍李世乭。2017 年 5 月 27 日，AlphaGo 以 3：0 完勝號稱當今世界圍壇第一人的柯潔。這場世紀大戰讓 AI 徹底為普通人所知。在這一天，驕傲的人類的心理防線被徹底碾得粉碎。至少，在不確定性很低、決策背景簡單、主要依賴於數學運算和最優決策的圍棋中，AlphaGo 所表現出來的對全局的掌控和策略的運用，已經大大超乎了人類的想像。在經歷了毫無希望的失敗之後，柯潔的眼淚裡可能有遺憾，但更多的是感慨和無力感。

當然，人類社會是複雜的、多變的、模糊的、不確定的。一個小學生在面對「今天晚上是看動畫片還是找好朋友玩」這樣的決策時，就要考慮很多不確定因素：作業是否已經做完了？明天的功課是否需要預習？爸爸媽媽是否同意我單獨出門？好朋友住得是不是太遠？最近是不是治安情況不太好？好朋友家裡是不是新買了誘人的米老鼠玩具？看動畫片的同時是不是可以偷偷的吃一瓶媽媽不讓自己多吃的草莓醬？……這麼

多參數匯聚在這麼一個看似簡單的決策問題中，並且不是完全「非此即彼」的。比如說，好朋友的家離我家 1.5 公里。如果是在夏天，晚上 8 點鐘天還是亮的，騎自行車 1.5 公里貌似沒什麼大問題；可是如果在冬天，剛剛下過大雪，路上積雪很厚，下午 5 點鐘天就黑了，這樣的話，步行 1.5 公里可是很要命的！這還沒有考慮今天上課是不是做了運動量大的課外活動、晚餐是不是吃飽了、路上的狀況好不好……這些因素。如果讓 AlphaGo 來做這個決策，可能比擊敗柯潔、李世石要難一些。

不過，早期的 AI 只會學習人類的經驗；可現如今時過境遷，今天的 AI 不再採用傳統的電腦程式設計方法，而是能夠基於人類大量的經驗和資料，透過一套學習算法，在模擬器中不斷的進行深度學習，讓機器自己產生行為策略，進而獲得人類難以企及的「技能」，從而完成自我進化。這是 AI 和原先控制論最不同的地方。

例如，據說 AlphaGo 每天要跟自己對弈 5 萬盤棋，這樣一來，它的水準當然會毫無疑問的突飛猛進，「士別三日，當刮目相待」；相比之下，人類選手在比賽時最快也需要 2 個小時，慢的話可能需要一天甚至更長，也就是說人類要完成 5 萬盤棋的對弈數量至少需要 10 萬個小時，也就是一天不眠不休需要 270 多天。我們就是龜兔賽跑中那隻可憐的烏龜，而 AI 卻是那隻醒悟過來、奮發圖強的兔子。從這個角度看，人類怎麼可能不被 AI 超越？

事實上，AI 已經將觸角伸向我們身邊的各個領域。在藥物研發中，在 AI 的幫助下，過去需要幾個月篩選百萬種化合物的工作量只需要一天就可以完成。在自動駕駛領域，AI 的應用已經非常廣泛。至於金融行業，早已被認為是最先被 AI「革命」的行業。在金融龍頭高盛（Goldman Sachs），它目前擁有約 9,000 名電腦工程師，占全部員工的三分之一；與此同時，高盛在紐約總部的美國現金股票交易櫃臺的交易員一度高達 600 人，而現在偌大的交易大廳卻只有兩個人值守。四大

會計師事務所之一的德勤早已引入 AI，「會計師、稅務師會被機器人取代」這個命題早就不新鮮了。同樣受到威脅的職業還有同聲傳譯——在語音識別中，有監督深度神經網路早就應用於全自動同聲翻譯系統。AI還毫不留情的闖入了藝術圈。科學家成功開發出一個名為 DeepBach 神經網路系統，它可以創作出巴哈風格的清唱曲，作品足以以假亂真，甚至使專業的音樂家將 DeepBach 創作的音樂誤認為是巴哈（Bach）的作品。這樣的進步每時每刻都在發生著，稱之為「一日千里」毫不為過。本書出版後三個月，情況就會與書中描述的大相逕庭。

從監督學習、非監督學習到增強學習，從針對「有窮大」問題到針對「無窮大」問題，AI 的算法越來越先進，越來越接近生物學習的行為特徵，具有探索未知世界的能力。這足以讓越來越多的人產生擔憂。有的科學家甚至還透過算法構造策略與仿腦構造策略這兩種途徑，嘗試研究讓機器具備意識，一旦這一研究成功，超強的技能和不受人類操控的自主意識兩者疊加，豈不是等於創造了一個新物種？更糟的是，這個物種不吃飯、不睡覺、能夠完成一切最艱難的工作，那麼人類的地位置於何處？人會不會淪為奴隸？

從另一個角度看，現在已經出現了透過情感運算，能夠理解使用者、能夠交流和溝通的 AI 機器人。甚至有公司正在致力於開發 AI 性愛機器人。這個天才的創意肯定不乏市場，然而是否會引發全面的人類情感危機、倫理危機？機器人具有智慧和情感，是不是就會成為一個新的物種？那麼我們是不是還能用對待機器的方式來對待它們？換句話說，是不是要把它們當成真正的人一樣看待？到那一天，艾西莫夫提出的「機器人三定律」是否還適用？

還有第三種可能，那就是哈拉瑞教授在《人類大歷史》中提到的，人類很可能進化成為半機器人。那時，人類透過生物操縱技術和基因工程就能夠使人體與機器相融合，並不再受到死亡的轄制。但是，那時候

的人還能叫「人」嗎？就像電影《駭客任務》（*Matrix*）所描述的那樣，人一生下來就要接受晶片植入。那個時候，人的所思所想、所見所聞，是否還是真實的？並且，由於財富的分配不均，這種「長生不老」的權利也將是分配不均的。這將導致嚴重的社會大分裂，甚至大動亂。

　　無論如何，有一點是必然的、也是無法阻擋的，那就是更大規模的機器學習、更深度的機器學習以及更強的互動式的機器學習，將使得 AI 搭上雲端運算和大數據的順風車，更快的駛入尋常百姓家。

第四節　科學創新的驅動力

　　有人戲稱：「全世界都在做科學研究，而我們在拚命的往 SCI 期刊灌水。」聽起來戲謔，想起來嘆息。

　　真正的研究，從來都不是靠論文發表、專利獲批驅動的。今天，有些大學、研究院所把發表論文數量作為考核科學研究人員的主要依據甚至唯一依據。殊不知這樣是捨本逐末。論文、專利只是創新的階段性成果。科學創新，儘管不像技術創新、產業創新那樣更容易產生觸手可及的商業價值，但是畢竟也是要產生價值的——改變人們的思維，推動社會的變革，讓更多的人投入進來。當你看到量子力學、相對論、DNA 雙螺旋結構、資訊科學的突飛猛進，怎麼能夠抵禦得住這種科技發展對人的內心的撼動？相較之下，有沒有論文又有什麼關係？——誠然，論文發表有助於更多人接觸、掌握這些科學成果；可是就算沒有論文，只要是以某種方式呈現在世人面前的先進理論，都是值得人們心儀的。

　　可惜的是，這個世界總是難以按照理想狀態來運行。一旦擁有了某種力量——因為政治賦予的權力，或者財富導致的特權，或者名聲帶來的威望——就會自覺不自覺的揮舞起這種力量的指揮棒，把事情變得複雜起來，讓原有的那些簡單、純粹的夢想變得支離破碎。論文、專利作為一種簡單明瞭的度量指標，幾乎沒法不讓人在看到它的第一眼就心馳神往——如果用這個辦法來衡量科學研究成果、創新成果，那該有多省力、省事！看起來似乎是這樣。不過，如果用這種辦法來評估創新者，那麼圖靈可能永遠只是一個無名之輩。

　　那麼，什麼才是隱藏在這些偉大的科學成就背後的動力？

　　牛頓想要探究蘋果從樹上掉落的原因，圖靈想要把機器變得像人一樣聰明，法拉第圍繞著一句「磁能生電」而奮鬥了十多年，這都是好奇心產生的推動力。如果沒有好奇心，僅僅依靠「發表論文」這樣的激

勵，是不可能讓這些聰明的研究者為了一個問題而奮鬥終生的。說到底，這都是價值觀使然。

自從人類從動物界脫穎而出的時候，人就對大千世界充滿了好奇。不論是頭頂璀璨的星空，還是腳下廣袤的大地，未知的世界是如此精彩，萬事萬物都能勾起人類無窮的興趣。只不過，學者是一些特定的人，他們既具有足夠的智慧，又有耐心和恆心，去把世界上的問題一個個追根究柢、徹底解決罷了。也正是因為此，要想成為一個科學家，好奇心是必不可少的特質。

科學家大多是問題導向的。「為什麼是這樣？」面對某種現象，他們會問這個問題。接下來的事情就很簡單了——那就是要解決這個問題。為什麼要解決這個問題？說得輕一些，這是滿足個人的好奇心。沒錯，就是要滿足好奇心，永遠不放過任何一個感興趣的東西，把事物的原理進行徹底的探究。說得重一些，他們把解決這個問題當作自己的使命、責任，因為這個世界需要他們去完成這項任務。沒錯，可能大多數人不理解、不支持他們的想法——或許這個問題太複雜，或許沒有意義，或許還沒到解決的時候——但是他們自己就是認定了，「我就是解決它的那個人」。創新需要的，在個人的層面上往往就是這樣的價值觀。

現實生活中，總有人說：「那些做研究的，總是把日常生活中一些很淺顯的道理弄得非常複雜，用一大堆公式、定理、數學方程式來推導，最後得出一個我們早就一清二楚的結論。」科學家們因此受到了不少嘲弄。

然而，懂得科學研究範例的人就會明白，事實恰恰相反。科學研究往往是把現實世界進行抽象、簡化，把許多不清楚、不確定、不穩定的因素通通剝離出去，最後就用一、兩個非常簡單的、高度精煉的公式來模擬、描述現實世界。物理學的 $F = ma$，電學的 $V = IR$、生物的種群

分類，甚至經濟領域也有 GDP 的計算公式。簡潔，往往不是科學研究的第一宗旨，然而好的、頂尖的科學研究的最終結果，卻往往是簡潔的，因而也是美的，以至於讓人（尤其是那些率先得出這些結果的人）如痴如醉，達到快樂和成就感的巔峰。獲得這樣的研究成果是每一個真正的科學家的終極夢想。為此，他們會投入極大的耐心，進行日復一日的工作，不厭其煩的解決每一個細小的問題。這種科學研究的興趣是純粹的，是很難用論文發表數量去衡量的。

第五節　知識就是力量？──創新的雙刃劍效應

　　曾經有人認為，科學精神是創新的必不可少的因素。哪怕是在技術、產業或者體制領域，科學研究所展現的精神──充滿好奇、追尋真相、探究根源、遵循嚴格的因果鏈──都是在這些領域裡創新的重要因素。

　　但是，另一方面，創新意味著創造具有可持續性的價值。的確，大多數時候，科學為人類生產的發展、生活的便利、文化的繁榮、民主與自由的進步做出了貢獻，持續性的創造了價值。然而情況並非總是如此。有的時候，科學創造出來的，並不是天使，而是頑童，甚至是惡魔。

　　16 至 17 世紀之際的英國哲學家培根（Francis Bacon）說：「知識就是力量。」毫無疑問，科學研究能夠為人類社會發掘出新知識。但是，知識不一定總是造福人類的。如果知識掌握在惡人的手中，還不如不要被發現出來為好。

　　在《封神榜》中，妲己是一個眾人皆知的紅顏禍水。她與商紂王一起，做出許多乖戾暴虐、慘無人道的事情。但是，以今天的眼光來看，真實的歷史是什麼樣的？恐怕還不能斷然下結論。

　　在小說中寫道：嚴冬之際，妲己遠遠看到有人赤腳在冰上走，見老的敢下水，小的不敢下水，為了弄明白其生理結構的異同，就將他們捉來，把他們的雙腳砍下，研究其怕寒不怕寒的原因。妲己看見一個大腹便便的孕婦，就神祕的對紂王說，她能算出孕婦懷的是男孩還是女孩。果然，妲己是對的。妲己還慫恿紂王殺死忠臣比干，剖腹挖心，以印證傳說中的「聖人之心有七竅」的說法。所有這些，都成為妲己「助紂為虐」的罪證。

　　但是，中國歷史上就不乏嫁禍於紅顏禍水的例子。妲己是不是也是

被冤枉的？從這些事情中，至少可以看出來，妲己對人體構造充滿了好奇。這不正是科學研究的先決條件？

凡是小說，想要獲得成功、膾炙人口、流傳百世，最重要的是取悅讀者。就像如今的好萊塢大片一樣，歷史上的小說為了讓讀者滿意，也是無所不用其極。恐怖化、妖魔化、奇幻化、戲劇化……都是手段。《封神榜》是不是也不能免俗？

撥開歷史的迷霧，撇去渾湯中的渣滓，留下的真相可能是：小說中的蛇蠍美人妲己可能是歷史上第一個解剖學者，或者至少是一個對解剖學有一定造詣的人。她可能向商紂王提出了一些惡毒的建議，也可能濫殺無辜，但是可能遠遠沒有達到小說中所說的程度——畢竟，作為一名女性，暴虐到那樣的程度是很難讓人想像的。不過，小說的作者是非常清楚吸引讀者眼球的重要性的，於是有可能把妲己塑造成一個反面典型。就這樣，妲己背上了很多本來不應該由她背負的罪名，被千秋萬代唾罵。在更加詳細、可信的歷史資料被發掘出來之前，我們至少不能否認這種可能性。

在《西遊記》裡，孫悟空可以用自己的汗毛輕而易舉的變出成千上萬個小孫悟空。這恐怕是有記載的最早的人類複製自身的幻想。就像永生一樣，複製自己也是一個令人神往的願景。數千年以來，這個願景都停留在夢想的階段。1996 年，複製羊桃莉（Dolly）在英國的誕生使人意識到這個夢想不再是遙不可及。接下來，鼠、豬、牛、貓、兔、猴、鹿、馬、狗……成功被複製的哺乳動物名單越來越長。

從科學的角度講，複製毫無疑問是一項具有開創性的突破式創新。如果將其應用於產業和社會，那麼很有可能引發重大的變革。例如，治療性複製有可能為人類提供充足的器官，從而徹底解決罪惡的器官販賣問題。不過，生殖性複製的潛在問題則要大得多。

現在，複製的概念已經超出最初的「無性繁殖」，而包含了廣義的

複製、拷貝和翻倍。對於豬狗羊之類的動物的複製，還不涉及倫理問題——至少不會對人類社會的倫理產生衝擊。然而，生殖性複製——對完整的人的複製——毫無疑問將產生倫理問題。試問，一個丈夫複製了自己，那麼他的妻子是否就擁有了兩個丈夫？而他們的孩子是否就有了兩個爸爸？更深刻的社會問題也會產生，比如說，面對基因一樣的兩個人，警察該怎麼分辨犯罪分子？由於健康及免疫力的先天問題，複製人容易患有傳染病、精神病，這樣的複製病人由誰來看護、照料？要知道，複製的動物可以被較為容易的處理，但是複製人的處理顯然不那麼容易。並且，在法律上，複製人是否應該獲得法律主體的地位？複製人的受監護權、受教育權、被撫養權又由誰來保護？可以預見，複製人一旦出現，將對人類社會產生前所未有的衝擊。

探索未知是人類的天性，也是科學研究的特點。科學家在這方面又遠遠的超出常人，因此他們的思維也往往與常人不同。對於常人所關注的社會、道德、法律、文化等問題，科學家可能根本就不屑一顧：「我所考慮的首要問題是這件事情有沒有可能實現，是不是在科學上行得通。科學研究是我的天職，是我的使命。至於其他的問題，根本就不在我的考慮之列。那是你們要考慮的問題，不是我的問題。」魯迅先生曾經形象的形容這些人「不免咀嚼著身邊的小小的悲歡，而且就看這小悲歡為全世界」。毫無疑問，這種「鑽牛角尖」的精神在科學研究從業人員中並不罕見，實際上，這種精神恰恰是科學研究道路上「追根究柢」精神的極致。從某種意義上說，要說服科學家放棄這種勁頭，就等於讓他們放棄科學研究本身。

當然，也可能有另一種情況，那就是對複製技術的潛在的龐大市場垂涎欲滴，於是寧可冒天下之大不韙，鋌而走險。這也是科幻小說、科幻電影中反覆出現的情節。但是在現實中，這種可能性是顯而易見的。

即使全世界大多數國家已經明令禁止，目前還是有幾個「瘋子科學

家」正在進行複製人的研究。不管他們的動機如何，前景總是令人擔
憂。如果不能合理的控制，那麼複製人的出現與合法化，可能意味著人
類自身的末日。

是誰創造了世界？不同的人會給出不同的答案。宗教信徒會說是上
帝、真主或者別的神，科學家會說是從奇異點而來的宇宙大爆炸。之後
的生命起源問題，今天的人大多相信是地球在 30 多億年前出現的生命。
總之，世界的創造、生命的起源，都是外力作用的結果。

可是，在 1974 年，當科學家具備了將某種細菌內的一部分基因轉移
到另一種細菌體內的能力時候，轉基因技術的序幕就揭開了。這意味著
人類獲得了打破物種間固有邊界並根據意願重塑生物的能力。很快，這
種能力就從微生物基因重組擴展為植物、動物的轉基因技術。

轉基因作物的大規模商業化種植始於 1996 年，其主要品種有棉花、
大豆、玉米和油菜。2012 年，全球轉基因作物種植面積已經達到 1.7 億
公頃，是 1996 年的 100 倍，種植轉基因作物的國家也從最初的 6 個增
至 28 個。在中國，轉基因作物的總種植面積居全球第六，以轉基因棉花
為主。

當一種軟化緩慢的番茄在市場上開始出售的時候，基因改造食品開
始正式走入人們的日常生活。僅僅在中國，基因改造食品就涉及了水
稻、玉米、大豆、油菜、小麥等多種食品。但是，對基因改造食品的安
全性的質疑聲從來沒有間斷過。的確，在過去，基因的轉移完完全全是
老天——也就是大自然——的事情。沒有任何人能夠按照自己的意志，
將某種基因從一種生物體轉移到另一種生物體。可是現在，突然間人類
就具備了上帝的這種力量。一想到這種能力被惡人掌握和濫用、創造出
新的惡魔，怎麼能不讓人感到脊背發涼？那樣，人類豈不是成為自己的
掘墓人？實際上，對於基因改造食品的爭論，可能是人類歷史上從未有
過的充滿爭議、矛盾、角力的論戰。

關於基因改造食品安全性的爭論，主要呈現在食品安全和生態安全兩個方面：食品安全方面的討論主要集中在外源基因在新的生物體中是否會產生毒素、會不會改變食品的營養成分、對人體健康有沒有危害。生態安全方面的討論主要聚焦於轉基因作物釋放到田間後會不會引起基因汙染、產生超級雜草，是否會打破原生物種群之間的動態平衡、破壞生物多樣性。贊同派用國際上廣泛認同的「實質等同性」[1]和「無罪推論原則」來證明基因改造食品無害的觀點。但是，「實質等同性」是一個簡單的結果評價法，是還原論，並沒有考慮系統整體。正如古代寓言所講的，「橘生淮南則為橘，生於淮北則為枳」。即使是同一種物種「橘」，都會因為生長在不同的環境中而成長為不同的種類，那麼轉基因作物是不是也有可能因為處於不同的環境而結出不同的果實──有些果實還是我們不想得到的？至於「無罪推論原則」，十多年來的實驗結果和商業化結果是不夠的。基因改造食品對人體是否具有長期和潛在影響難以確定。現在沒有出現安全事件並不意味著長期安全。雜交水稻之父袁隆平就曾表示「基因改造食品對人體是否有傷害，需要非常長的時間來考察，至少需要兩代人才能得出結論」。實際上，已經有研究發現，基因改造食品可能存在毒性、過敏性、抗生素抗性，甚至連反覆標榜的「降低除草劑、農藥的使用」這個好處也可能在若干年之後就不復存在。

至於「基因改造食品是否應該商業化」，那是次要的問題。試想，如果安全性沒有保證，如果是有害身體健康的，那麼誰還會願意接受基因改造食品的商業化？皮之不存，毛將焉附？

作為一個附帶的結果，基因改造食品的推廣還使農民們逐漸喪失了獨立性。在科學和技術的標準化要求下，農民對於土地、氣候以及地方

1　「實質等同性」原則是由經濟合作與發展組織於 1993 年提出來的，具體內容是：如果某個基因改造食品或成分與傳統的食品或成分大致等同，則認為它們同等安全，就沒有必要做毒理學、過敏性和免疫學實驗。

環境的細節知識開始變得「不合用了」，世世代代累積下來的經驗、知識被摒棄，甚至嘲弄，農民被邊緣化了。與此同時，種子公司的優勢地位卻越來越明顯，獲取的壟斷收益也越來越多。如果說一項創新導致的是這樣的結果，那麼這項「創新」不應該被視為真正的創新，充其量不過是貼著創新標籤的利益攫取罷了。

在基因改造議題的論戰中，技術專家往往宣稱：「技術上，基因改造食品早就已經被證明了無害、高產量、高效能、低成本」，「這是科學研究的結果」；而質疑者往往從哲學與倫理學角度高喊：「基因改造食品的安全性還沒得到徹底研究」，「你們純粹是為了公司的商業利益」。

誠然，一項科學研究的結果是否具有造福人類的、可持續的、惠及大眾的效果，是需要長時間的檢驗。基因改造食品，尤其是像轉基因水稻這種主糧作物，屬於重大的民生事情，必須擴大公眾與社會的參與，應該把轉基因作物產業化的資訊公開，充分考量和吸收公眾的建議，提高決策的透明度。畢竟，這涉及 14 億人口的吃飯問題、生存問題，對於這種重大的民生問題，容不得出現任何差錯，更不應當容許利益集團的操縱。真理不辯不明。科學與民主，從來都是相輔相成的。在科學創新的道路上，民主的作用絕對不應該被忽視。

西元 1896 年，貝克勒（Antoine Henri Becquerel）發現了天然放射性。這一重大的科學創新象徵著核物理學研究的開端。人類對世界的認識從分子進入了原子、原子核的層面。

究其根源，科學研究是要探究世界的真理、真相。真理在哪裡？真理在細節當中。為了闡述真理，就必須一遍又一遍的回答「為什麼」的問題。舉例來說，「西瓜好吃」的原因是「西瓜味道甜」，「味道甜」的原因是「其中有糖」，「糖是甜的」的原因是「糖會刺激舌頭上特定的味蕾」，「味蕾會感到甜味」的原因是「味蕾上有特定的結構，能夠與糖分發生反應」……就這樣，一個「為什麼」引出另一個「為什麼」，

從而形成一條長長的因果鏈。科學研究的任務，就是順著這條因果鏈不斷的摸索下去。在很大程度上，這種摸索是深入到越來越微觀的層面，就像上面的這一連串問題，逐漸從西瓜的層面深入到了味蕾與糖分發生化學反應的層面。如果我們繼續深入下去，就會深入到分子層面、原子層面，甚至更加細微的層面。

　　科學研究的一個重要詞彙是 analyze。中文將它翻譯為「分析」實在是精闢。「分析」，有「分崩離析」的含義。科學研究的真諦，就是一分為二，二分為四，四分為八……無限分下去。從細胞到分子，從分子到原子，從原子到質子中子電子，再細分到夸克……作為大科學門類的基礎的物理學，逐漸進入越來越神奇的微觀世界。從這個角度來說，核物理學是科學研究當之無愧的前端中的前端。

　　接下來，核物理研究的創新成果接二連三的湧現。α、β、γ 射線很快被發現。量子力學體系逐步建立。核裂變、核聚變的原理被闡述。粒子加速技術、高能物理的研究突飛猛進。

　　核物理為人類社會帶來了什麼呢？射線已經在醫學領域獲得了極廣的應用，這是因為人體組織經射線照射會產生某些生理效應。在病因、病理研究方面，利用放射性示蹤技術，今天的醫生能從分子水平動態的研究體內各種物質的代謝，使醫學研究中的難題不斷被攻破。輻射還可以用來消毒殺菌。透過鏈式裂變反應，人類可以獲得大量的電能。在 2013 年，全世界正在運行的核電廠共有 438 座，總發電量為 353 千兆瓦，占全世界發電量的 16%。核電池也具有廣泛的應用前景。核物理在加工、探傷、物質分析、殺蟲、考古、環境治理等領域也都有著廣泛的應用。

　　聽起來似乎不錯。但是，核物理也有其恐怖的一面。

　　就拿核電廠來說，雖然它為人類提供了極其高效能、豐富的能源，但是這種好處並不是沒有代價的。高放射性核廢料、也就是乏燃料的處

理至今還是個難題。投到 4,000 公尺深的海底吧，難道海洋就不是一個系統？4,000 公尺深的海洋生物和浮在海面的鮪魚、鯨、磷蝦難道沒有任何關係？如果有一天，人類吃到了有放射性的鮪魚，那麼應該怪罪於誰？將核廢料深埋在地下 500 公尺的永久性處置庫看上去似乎很穩妥，是目前國際公認為最安全的核廢料處置方式。可是這種辦法實際上是沒有辦法的辦法——除了深埋之外，沒有更好的辦法！理論上，數十萬年之後，這些高放射性核廢料的輻射會衰減到對人體無害的程度。可是數十萬年的時間很長，不確定性太大。地震、岩層裂隙、地下熔融溶液……這些都可能造成核廢料的洩漏。實際上，就算沒有這些災害，正常的洩漏程度已經有可能導致埋藏地附近的食物遭受放射性沾染。一旦大規模洩漏，車諾比核電廠的慘劇重現就不是沒有可能。誰願意承擔這種風險？誰願意看到自己的孩子長出三隻眼睛、兩個心臟？

　　核物理帶來的另一個產品就是核武器。看到這個字眼，誰的腦海裡不會立刻蹦出「廣島」和「長崎」？那核爆炸之後的慘狀，令每一個看過電視資料的人記憶猶新。這種對人員和物資強大的殺傷和破壞，就是核反應的光輻射、熱輻射、電磁脈衝、衝擊波造成的，這些都是核物理研究的產物。在許多人心目中，「核武器」和「原子彈」幾乎是同義詞，但實際上核武器的種類遠不只如此。原子彈屬於裂變型核武器，氫彈屬於聚變型核武器，此外還有中子彈、三相彈，以及未來可能的反物質武器。幸運的是，「胖子」和「小男孩」兩顆原子彈是迄今為止人類在戰爭中使用核武器的僅有案例。現在還有沒有國家敢在實戰中運用核武器？儘管美國、俄羅斯、中國、印度、伊朗等都把核武器作為威懾力量，但是大家心裡都清楚，一旦爆發核戰爭，毀滅的將是整個世界，沒人能夠倖免。因此，撳下核按鈕的手，必須有一個清醒冷靜而且超級自制的大腦來把控。但是問題在於：誰能保證我們總會一直幸運下去？誰能保證實施控制的總是這樣一個理性自制的大腦？萬一什麼時候出現了

一個嗜血狂人、戰爭販子，他會不會瘋狂的、不顧一切的發起核大戰？要知道，哪怕只有萬分之一的可能性，一旦發生，那就意味著人類社會百分之百的滅頂之災。

科學創新所產生的知識的確能夠產生無與倫比的力量，但這種力量可以用來造福人類，也可以用來毀滅世界。與其說科學是潘多拉的魔盒，倒不如把科學看作一個黑箱。從裡面蹦出來的可能是天使，也可能是頑童，也有可能是惡魔。對人類來講，我們希望看到的當然是天使，至少也要是頑童──有可能成長為天使的頑童，但絕對不希望看到惡魔。這取決於什麼？在黑箱之外，是否還需要一層甄別、過濾裝置，來幫助人類解決這個難題？如果需要，那麼這個甄別和過濾裝置應該是什麼？是文化、倫理、道德？還是公正、民主、自由？或是權力、信仰、情懷？說到底，是為了人類的健康、安全、幸福嗎？那麼，除了人類，地球上的其他生命，獅子、大象、北極熊、蜻蜓、蝙蝠、百靈鳥，甚至蒼蠅、蚊子、老鼠，牠們是否也應該受到同等的科學關懷？

另外，科學創新成果被接納肯定是有一個過程的。這個過程取決於人的族群的不同特徵，比如年齡、性別、財富、地位。這樣一來，享受到科學創新成果的順序就有先有後，甚至有可能只惠及一部分人。但是，我們是應該著眼於「全體人類」，還是「一部分人」？如果有一個科學創新，看上去它是那麼的誘人，但是可能只能造福一部分人而不能惠及另外一部分人，或者在一定時間內只能造福一部分人而需要更長的時間才能惠及更多的人，那麼這樣的科學創新是否會導致新的社會不公平？這將對人類社會的階層、大眾心理產生什麼影響？像 AI 這樣的創新，可能首先造福於那些社會上層的人，使他們更聰明、更敏捷、更富有、決策更科學、生活更便利；而對於那些社會中下層的人，在短時間內則沒有什麼影響，甚至有可能奪走他們的飯碗，使他們與高層人士的地位、智力、薪酬差距增大。這就對社會結構產生了重大的影響。這種

情況應當如何處理？[1] 這些問題並不是無關緊要的。要正確的回答這些問題，並對未來的創新有所指引，恐怕需要全社會、全世界更多的人進行深刻的思考和探討。正如前面所說，民主與科學應當齊頭並進，才能保證科學走在正確的軌道上，而不是誤入歧途。

1　劉慈欣的小說《贍養人類》中就描述了這樣的世界。

第六節　科學創新與競爭

在科學創新的領域，競爭同樣存在。

科學創新的主體是科學從業人員，或者說科學家。在歷史上，曾經不只一次的出現了這樣的戲劇性情節：兩個（甚至多個）科學家（或科學研究團隊），在彼此不知情的情況下，互相獨立的得到了相似的甚至相同的研究成果。

18 世紀初，德國最偉大的數學家哥特佛萊德‧萊布尼茲（Gottfried Wilhelm Leibniz）（西元 1646～1716 年）和英國最偉大的數學家艾薩克‧牛頓爵士（西元 1642～1726 年）之間即將爆發一場激烈的戰爭，他們都宣稱自己才是微積分的創立者。這場戰爭持續超過 10 年，直到他們各自去世。

牛頓在西元 1665～1666 年創立了他稱之為流數法的微積分。但牛頓在其大半生的時間裡，卻並沒有將這一發明公之於世，而僅僅是將自己的私人稿件在朋友之間傳閱。牛頓直到發明微積分 10 年之後，才正式出版相關著作。

萊布尼茲則是在晚 10 年之後的西元 1675 年才發明微積分。萊布尼茲在接下來的 10 年裡不斷完善這一發現，創立了一套獨特的微積分符號系統，並於西元 1684 年和西元 1686 年分別發表了兩篇關於微積分的論文。萊布尼茲雖晚於牛頓發明微積分，但他發表微積分的著作卻早於牛頓。正是因為這兩篇論文，萊布尼茲才得以宣稱自己是微積分的第一創始人。

17 世紀末，萊布尼茲和牛頓的支持者均指責對方行為不當。18 世紀的前二十年，微積分戰爭正式爆發。萊布尼茲曾看過牛頓早期的研究，牛頓因此認定萊布尼茲剽竊了自己的成果，他開始最大限度的利用自己的聲望來攻擊萊布尼茲。萊布尼茲也毫不退讓，奮起反擊，宣稱事實的

真相是牛頓借用了他的理念。在微積分戰爭爆發之前，兩人沒有多少直接交流的機會，但他們對彼此的欣賞一直都溢於言表。或許正是因為堆砌了太多的溢美之詞，在翻臉後彼此的攻擊也就愈加刻薄。為了贏得這場爭論，萊布尼茲和牛頓後來變得無所不用其極，充分展示了他們卓越的才智、高傲的個性，甚至是瘋狂的一面。[1]

微積分是最重要的數學發明，極大推動了科學的進步。然而這場曠日持久的微積分戰爭，是科學史上的重大事件，是損失無法估量的悲劇。正如萊布尼茲所說：「無論是我們的項目獲得進展，還是科學獲得進步，都無法讓我們逃脫死亡。」

在 1953 年 DNA 雙螺旋結構被發現的過程中，是女性晶體學家富蘭克林（Rosalind Franklin）成功拍攝了 DNA 晶體的 X 光繞射照片。後來，富蘭克林的主管威爾金斯在富蘭克林不知情的情況下把這那張照片拿給華生和克里克看了，從而給了他們關鍵性的啟發，推出了 DNA 的雙螺旋結構，在他們發表的文章中也未曾對富蘭克林表示感謝。於是，1962 年的諾貝爾生理學獎頒給了這三位男性科學家，受到歧視的女性科學家富蘭克林與諾獎擦肩而過（見本書第一章）。

在人類的科學創新史上，人與人之間的競爭所導致的這樣的悲劇一而再再而三的上演。我們不禁要問：我們有沒有可能走出囚徒困境？

歸根結底，科學創新成果歸屬於誰，這是人與人之間的競爭。要解決這樣的問題，就要面對人性和人心。囚徒困境的根源就在於：人是利己的，追求自身效用最大化；而且人是不考慮長期收益的，而只考慮本次收益最大化。然而，這兩個假設在科學創新領域是不成立的。

科學家不完全是追求個人利益最大化的。科學研究往往是由好奇心驅動的，經濟利益並不是科學家考慮的首要問題。為了追求科學真理，

1　傑森‧蘇格拉底‧巴迪（Jason Socrates Bardi）‧誰是剽竊者——牛頓與萊布尼茨的微積分戰爭 [M]‧上海：上海社會科學院出版社，2017.

科學家往往要放棄經濟利益。因此，我們對於真正的科學工作者，應該放棄以物質利益為主的激勵方式。目前中國的情況恰好相反，各種人才計畫層出不窮，物質激勵大行其道，這樣一來，反而把科學家內心深處本應具有的對真理的追求、興趣、嚮往給湮沒了。時間一長，科學家就把這些科學好奇心拋到了腦後，眼中只剩下金錢。這種「擠出效應」是非常可悲的。中國的發展已經過了物質利益至上的階段，應當適當的淡化這方面的刺激，而更強調名譽、聲望、社會地位給予優秀科學家的激勵作用。

人是有理性的，面對問題不會只想著眼前，更多的時候會考慮長遠利益。規範、和諧的科學共同體（community）的形成，有利於科學家們相互之間加深了解、加強信任。大家彼此都了解所做的研究，而且研究的進展也為許多同行所知曉。這樣一來，弄虛作假、互相拆臺、抄襲剽竊等不端行為就很容易在圈子裡被看穿。由於博弈不只一次，而是多次，因此儘管一次造假可以在短期獲利，然而長期來看必然會被拆穿，從而斯文掃地、身敗名裂，遭到同行圈子乃至全社會的唾棄。這樣的結果，就是沽名釣譽、偷梁換柱再也找不到市場。科學研究，作為一項純粹的由好奇心和使命感所驅動的事業，應當營造起合作、分享、共贏、互利的氛圍。不僅有正式交流，也有非正式交流，甚至有情感交流。在這樣的科學共同體中，才有可能做出遵守規則、合乎規範、不偏激、不極端、具有包容性和可持續性的科學研究成果。

科學研究是一項偉大的工作，同時往往也是重複性強、枯燥乏味的工作。學者不僅要靜得下心來從事日復一日的研究，也要以平常心對待學術同行（乃至跨行）的競爭。競爭能夠對研究者帶來一定的壓力，往往在無形之中加快了研究的進度。同行之間的資訊交流有利於思想的溝通和新思路的產生，從而有助於研究成果的提升，但是在這個過程中（尤其是在非正式交流過程中）的智慧財產權保護自然也是一個亟待解決、值得深入探究的問題。

第七節　知識就是力量？
——李約瑟難題的科學解

知識一定就能產生力量嗎？在培根的那個年代，其實這句話是有很強的背景的。話到這裡，就不能不談到著名的「李約瑟難題」（Needham Puzzle）。

20 世紀最著名的中國科技史專家李約瑟（Noel Joseph Terence Montgomery Needham）（1900～1995 年）在他的多卷本巨著《中國科學技術史》（*Science and Civilisation in China*）中，以令人信服的史料和證據，全面而系統的闡明了四千年來中國科學技術的發展歷史，展示了中國在古代和中世紀科技方面的成就及其對世界文明所做出的貢獻。

然而，更為人所熟知的是，在該書的第一卷《總論》中，李約瑟提出了如下問題：

一、中國的科學為什麼會長期大致停留在經驗階段，並且只有原始型的或中古型的理論？

二、中國怎麼能夠在許多重要方面有一些科學技術發明，走在那些創造出著名的「希臘奇蹟」的傳奇式人物的前面，和擁有古代西方世界全部文化財富的阿拉伯人並駕齊驅，並在西元 3 世紀到 13 世紀之間保持一個西方所望塵莫及的科學知識水準？

三、中國在理論和幾何學方法體系方面所存在的弱點，又為什麼並沒有妨礙各種科學發現和技術發明的湧現？

四、歐洲在 16 世紀以後就誕生出現代科學，這種科學已被證明是形成近代世界秩序的基本因素之一，而中國文明卻沒有能夠在亞洲產生出與此相似的現代科學，其阻礙因素又是什麼？從另一方面說，又是什麼

因素使得科學在中國早期社會中比在希臘或歐洲中古社會中更容易得到應用？

五、為什麼中國在科學理論方面雖然比較落後，卻能產生系統的自然觀？

隨著研究的深入，這些問題逐漸開始集中到兩個問題：

一、為什麼近代科學只在西方興起，而沒有在中國、印度興起？

二、在科學革命前長達 14 個世紀的時間內，為什麼中國文化能夠比歐洲文化更有效的了解自然，並且更能把關於自然的知識用來造福人類？

對於這個問題，林毅夫教授在其 2007 年發表的名為〈李約瑟之謎、韋伯疑問和中國的奇蹟——自宋以來的長期經濟發展〉一文中提出，技術創新是一個國家經濟成長的基礎。工業革命前，中國工匠在實踐中產生的經驗性發明占據優勢，使得中國經濟水準長期領先於歐洲；而在 14 至 16 世紀歐洲出現科學革命後，科學實驗逐漸成為技術發明的基礎，中國卻沒能適應這種發明方式的轉變，並且中國的科舉制度極大的束縛了實驗性科學的發展，因此中國的技術進步停滯。[1]

在《人類大歷史》一書中，哈拉瑞提出了「科學—帝國—資本」三位一體的理論，用來解釋西元 1500 年以來西歐的快速發展。[2] 這個理論也可以部分說明中國在近代的落後。

科學思維的缺失，一方面是由於明清帝國的統治者缺乏科學研究和科學發現的興趣，認為從科學當中得不到什麼好處。因此，就算鄭和率領 300 艘巨艦、3 萬名人員組成的龐大艦隊，遠航到了紅海和東非海岸，得到了水文、地理、民族、文化、語言、動植物等方面大量珍貴的第一

1　林毅夫·李約瑟之謎、韋伯疑問和中國的奇蹟——自宋以來的長期經濟發展 [J]·北京大學學報（哲學社會科學版），2007, 44(4):5-22.

2　尤瓦爾·赫拉利（Yuval Noah Harari）·人類簡史 [M]·林俊宏譯·北京：中信出版社，2014.

手資料，還是由於新上任的皇帝對此興味索然而喪失殆盡。另一方面，資本主義在近代中國一直沒有發展成一支扮演重要角色的力量，因此，不像近代的西班牙、荷蘭、英格蘭，資本家群體的探索未知、獲取超額利潤的呼聲一直無法成為中國社會上有影響力的聲音。這樣一來，鄭和下西洋的重大成就也就無法轉化為生產發展的動力，不能為中國社會帶來黃金、鑽石和其他各種豐富的資源——事實上，中國古代的統治者，向來都滿足於「天朝上國」的富饒資源，相信能夠自給自足，對外從來就缺少領土和資源訴求，不屑於外邦的那一點可憐的資源；相反，他們總是想盡辦法，在每一次對外交流時都展現出自己的寬容、大度和澤被四方。因此，當時的中國匠人，也就滿足於對「中土世界」的改良，普遍缺乏對未知世界的探索欲望，不願去研究新鮮的自然現象和社會現象，缺少對地理大發現的敏感。三個因素相互交錯下來，中國錯過了科學創新的一個黃金時代。

由於缺乏與帝國和資本的互動，以及邏輯思辨體系的空缺，15 世紀以來中國的科學研究幾乎停滯不前，很快就在數學、物理學、化學、生物學、天文學、地理學等現代自然科學的基礎學科方面全面落後。

「知識就是力量」。缺少了科學發現的支持，中國的技術水準也就迅速落後。包括機械設備、交通工具、武器裝備、冶金工藝、紡織工藝、化工技術等全面落後於西方世界。於是，到了西元 1840 年英國艦隊來到中國海岸的時候，人們驚訝的發現，中國的火炮射程落後於人，步兵裝備的是簡陋的大刀長矛弓箭而非火槍，甚至在戰鬥隊形的保持和變換、戰術的靈活多變方面也不如人家（以馮 · 克勞塞維茲〔Carl Philipp Gottfried von Clausewitz〕的《戰爭論》為代表，西方已經在軍事理論方面獲得了豐富的研究成果）。所以，上千人的清軍敗給數百人的英軍也就不奇怪了。

第四章

體制的力量：
笑看風雲起天涯

第四章　體制的力量：舞動的精靈

1991 年 1 月 17 日當地時間凌晨 2 時，在波斯灣，多國部隊開始空襲伊拉克，「沙漠風暴」行動開始。截至 1991 年 2 月 23 日，多國部隊共出動飛機近 10 萬架次，投彈 9 萬噸，發射了 288 枚戰斧巡航導彈和 35 枚空射巡航導彈，並使用了一系列最新式飛機和各種精確制導武器，對選定目標實施多方向、多波次、高強度的持續空襲。空襲中，科威特戰場的伊拉克軍前鋒部隊損失近 50%，後方部隊損失約 25%。在持續一個多月的空襲之後，1991 年 2 月 24 日當地時間 4 時，多國部隊發起地面進攻。26 日，海珊（Hussein）宣布接受停火。28 日上午 8 時，多國部隊宣布停止進攻，地面戰役僅進行了 100 小時就結束了。

透過海灣戰爭，全世界首次見識了一種新型的戰爭模式，電子戰、空戰、立體化縱深化作戰，以威力強大的巡航導彈為代表的高技術武器。技術的力量就像健美選手身上的一塊塊肌肉那樣展露無遺。

然而，重要的不僅僅是技術的力量。試想，海灣戰爭中多國部隊不是先進行一個多月的空襲，而是直接展開地面進攻，將坦克、裝甲車、火炮、步兵投入一線，接下來的必然是一場血腥的短兵相接，不僅是伊拉克軍，多國部隊也肯定會遭受慘重的損失。戰爭，拚的不僅是技術，也要依靠靈活的策略、合理的方法、優良的組織。在戰爭中，體制絕不是無關緊要的，相反，它關乎千萬人的生命。

在冷兵器時代，刀槍棍棒各有用途，在一對一的短兵相接方面，武器的技術水準的高低可能會對決鬥的結果產生重要影響。但是在大規模的戰役中，如果雙方的技術水準相差不多（實際上冷兵器之間的技術水準差距也不會太大），那麼良好的組織往往就對戰鬥結果產生關鍵影響。

到了熱兵器時代，這一規律仍然適用。例如，在 18 世紀，在歐洲戰場上占有統治地位的本來是線式戰術，這種戰術主要依靠 2～3 線的步兵陣列的緩慢推進來進行戰鬥。然而後來，拿破崙對這種戰術進行了革新：先用砲兵將敵方步兵陣線轟亂，再投入胸甲騎兵衝鋒擊潰敵軍，

再以步兵衝上去鞏固戰果、清掃戰場。聽起來這似乎只是很簡單的三部曲，然而最重要的是，拿破崙的砲兵、騎兵和步兵實現了高度的協同：當法軍騎兵衝鋒時，對方步兵只好列為方陣以抵抗騎兵，但是這便大幅增加了在法軍砲兵火力和步兵火力下傷亡的機率；當法軍步兵發起衝鋒時，對方的最佳選擇是列為線列陣型進行防禦，但是對於法軍騎兵的迂迴包抄則又無力抵禦，成為騎兵砍刀下的冤鬼。軍隊顧此失彼，於是一而再、再而三的成為拿破崙的手下敗將。在這裡，時間的拿捏、節奏的掌握、各兵種的進展速度和力度、士兵的勇氣和決心，都成為制勝的不可或缺的因素。這些，都展現出體制的重要性。

創新，不僅表現在技術、科學方面。體制的突破，往往可能帶來科學、技術、產業、文化的重大變革。體制的創新，往往比科學創新、技術創新具有更重要的作用。歷史已經一次又一次的證明了這一點。

第一節　資本主義登上舞臺

一、英國的資產階級革命

西元 1688 年，英格蘭發生了「光榮革命」，君主立憲制確立，資產階級終於可以在國家的政治體制中光明正大的扮演重要角色了。這一次體制創新，使英國率先站在了資本主義發展的潮頭，並為接下來的資本主義生產力的大發展奠定了基礎。並且在此後的 200 年裡，英國一直佩戴著頭號強國的桂冠。

可是，為什麼是英國？為什麼是西歐？為什麼不是埃及、波斯、印度或者中國，率先發生資產階級革命？這一體制創新究竟是如何發生的？事情還得從兩百年前說起。

西元 1488 年，航海家迪亞士（Dias）到達非洲南端的風暴角（後來改名為好望角）。在那之後，達伽馬（Vasco da Gama）發現了通往印度的新航線。哥倫布發現了新大陸。麥哲倫完成了人類歷史上第一次環球航行。短短的 30 多年時間，就見證了地理大發現的突飛猛進。地理上的發現，刺激了「帝國—科學—資本」的結合。

15 世紀，古羅馬帝國的背影早已消失。歐洲被中世紀的黑暗折磨得有氣無力。文藝復興的活力逐漸滲透到社會的各個角落。然而歐洲仍然處於分裂，各個國家分而自治，小國寡民是普遍狀態。葡萄牙、西班牙等國家仍然追求大國夢，但是很明顯這種夢想在歐洲已無可能實現，因為歐洲各國在本地都已經有比較深厚的統治基礎。因此，地理大發現毫無疑問極大的刺激了這些志在四方的君王們的神經，給予他們無限的想像空間——只要到海外去開疆拓土，就有可能實現在歐洲無法實現的帝國夢！在帝國的野心面前，這種誘惑幾乎是無法抗拒的。

在文藝復興的過程中，科學逐漸獲得了進步。牛頓、哥白尼、克卜

勒、伽利略、達文西等人在天文學、力學、光學等方面獲得了突破性的創新成果。人類的力量變得前所未有的強大起來。歐洲人的胸中從來沒有像現在這樣充滿自信。他們相信，一切都在自己的掌握之中，哪怕在汪洋大海中遇到驚濤駭浪也無所畏懼。更何況，帝國的支持、君王的青睞、社會的重視，都使當時的科學家們充滿了樂觀情緒。搭乘著帝國野心的順風車，在印度的恆河平原、波斯和中亞的戈壁灘、巍峨的安第斯山脈、充滿了奇詭氣息的亞馬遜叢林，經常能見到搭乘帝國的艦隊或遠征軍的隨軍科學家的身影。他們對戰事、政治不感興趣，他們感興趣的是當地的自然環境、一草一木、鳥獸魚蟲、風土人情。但是這還不夠。學者們往往淡泊名利，可是如果沒有真金白銀的投入，就沒法購買儀器設備，沒法僱用人，如挑夫、嚮導、苦力，科學研究就沒法展開。在這方面，資本可是永遠都不能缺少的。

　　14、15 世紀，在商品生產和貿易活動的哺育下，義大利和西歐、北歐的一些城鎮繁榮起來。資本主義的萌芽率先在地中海沿岸的威尼斯、佛羅倫斯這些城市出現。隨後，在荷蘭、法國南部、萊茵河畔等地也出現了城市並迅速發展起來。富裕的手工業作坊經營者搖身一變成了資本家，他們僱用的大批學徒和幫工則成為僱傭勞動者；商人憑藉對市場行情的掌握，提供原料和收購產品給家庭手工業中的小生產者，小生產者則淪為領取計件工資的僱傭者。資本家們的逐利行為是不會停止的。只要有利潤的地方，就有資本的身影遊蕩。當地理大發現的概念突然掉在資本家們的面前，他們眼前首先出現的就是印度的香料、中國的絲綢和瓷器、美洲的白銀。毫無疑問，資本家們在第一秒鐘就陷入了瘋狂。就在這時，君主說「讓我們出發去征服遠方吧」；科學家說「那裡還充滿著大量新奇的、價值連城的寶貝」。這無疑為資本家們注入了一劑強心針。在資本的推動下，丹麥、英國、荷蘭、瑞典先後成立了東印度公司，用股票的方式來籌措資金。國家、科學、資本三個巴掌一拍即合，

彼此推動、彼此促進。很快，在西歐，資產階級的力量迅速壯大起來。資本主義登上歷史舞臺的時機逐漸成熟了。

從 17 世紀初英王詹姆士一世兩次解散議會開始，議會和國王之間進行了長期的、一波三折的爭鬥。克倫威爾將查理一世送上了斷頭臺，可是之後詹姆士二世又實現了復辟。最後，西元 1688 年，荷蘭的奧倫治親王威廉和瑪麗回到英國，議會在次年通過了《權利法案》，徹底確立了國會至上、王權受限的原則。君主立憲制在英國建立了起來。

現在再回過頭來看這個問題：資本主義制度為什麼率先在西歐建立起來？這項體制創新的出現，基本上，三個方面的因素——帝國的野心、科學的求知欲、資本的貪婪——扮演了重要角色。

在 15 至 17 世紀的歐洲，由於小國寡民，資本家、民營企業家的貪婪以及對利潤的追求更容易推動國家進行外部擴張；同樣是由於小國寡民，決策、實施的鏈條較短，科學、技術的成果更容易進入產業環節，從而產生商業利潤。反觀同時期中國、波斯這樣的龐大帝國，中央集權的制度導致資本主義、民營經濟的弱勢，在「士農工商」中，工商業者處於底層，占據上層的是官員、學者。在這樣的體制中，中央政權最關心的是維護政權的統一和完整，而不是商業利益，因此容易滿足於既有現狀，「天朝上國」，以自我為中心，忽視外部世界的機會和利益，缺乏侵略性、擴張性的野心，科學成果容易停留在統治者的玩物、「奇技淫巧」或形象工程的層面。在帝國、科學、資本三個方面的催化下，資本主義革命這一體制創新才能在英國如火如荼的發生。

二、獨立戰爭：平等與自由的勝利

17 世紀初，英國人來到北美洲的大西洋沿岸，建立了第一個殖民地維吉尼亞。到 18 世紀中期，英屬北美殖民地的經濟獲得了長足進步。然而英國政府不斷的向北美各殖民增加稅收，並實行高壓政策。西元 1773

年的波士頓傾茶事件成為後來戰爭的導火線。終於，西元 1775 年 4 月，萊辛頓的槍聲揭開了北美 13 個殖民地反抗英國殖民統治的序幕。

西元 1776 年 5 月，在費城召開的第三次大陸會議中，殖民地堅定了戰爭與獨立的決心，並於 7 月 4 日發表了《獨立宣言》，宣布一切人生而平等，人們有生存、自由和追求幸福的權利。《獨立宣言》還宣布 13 個殖民地脫離英國獨立，美利堅合眾國誕生了。獨立戰爭總共持續了八年多。西元 1783 年 9 月，巴黎條約簽訂，英國正式承認美利堅合眾國成立。

美國獨立戰爭的勝利，在世界上是第一次殖民地對宗主國的勝利，北美殖民地由此獲得了解放和獨立，這對於全世界的殖民地形成了前所未有的示範作用，為 19 世紀初拉丁美洲的獨立運動注入了一劑強心針。同時，美國所倡導的「自由」與「平等」的信條，也透過戰爭的勝利而在全世界得到了廣泛的傳播，並立刻觸發了隨後的法國大革命。從這兩個意義上講，美國的獨立是人類歷史上一次前所未有的體制創新乃至體制革命。

美國的獨立運動並非偶然。很久以來，新世界與舊世界的思想界在一些根本問題上的認知就是格格不入。一方面，以湯瑪斯 · 傑佛遜（Thomas Jefferson）和湯瑪斯 · 潘恩（Thomas Paine）為代表的北美思想家們認為一個人有自由權利，既有生存權、服從權，也有反抗權。這種自由權利是天賦的，不可剝奪的。另一方面，美國的平等理論一直是以兩大思想為基礎的，即「天賦人權，生而平等」思想和堅持機會均等、反對結果平等。在這樣的思想的基礎上，他們提出了完善政府治理機制的設想：

首先，統治者應是人民的代理人。因此，他必須按照人民的意志行事。這與盧梭在《社會契約論》中提出政府成員應是人民公僕的思想非常類似。「代理人」概念在政治學史上具有重要意義。

第四章　體制的力量：舞動的精靈

　　其次，採取共和制和頻繁的輪換制。在革命陣營中，大多數人相信由人民選出的共和政府是世界上最好的政府，最能有效的使統治者成為人民的代理人。

　　共和思想最早產生於古羅馬時代，「文藝復興」後在歐洲又流傳開來。以孟德斯鳩（Montesquieu）為代表的一些啟蒙思想家相信英國革命中實行共和制而導致了克倫威爾的軍事獨裁，認為共和制只能在如同當時瑞士的小邦國內實行，而大國因人們利益不同和不能實行直接民主則不宜採取共和制。美國人大膽的提出了在美國國內實行代議制共和的設想，不能不說是一個偉大的創舉。

　　但是，北美思想家並不認為政府官員由人民選出就使一切問題得到解決了，他們感到還存在著產生「民選君主」的可能性。為防止它成為現實，他們認為政府官員應當每年改選，並視其稱職與否決定其能否連選連任。「哪裡取消了一年一選制，哪裡就會產生奴隸」。當然，這種過於頻繁的輪換也產生了一定程度上的不穩定。後來的官員任期都有所延長。

　　第三，實行三權分立的原則。北美思想家認為，共和政府必須設置相互獨立的立法、行政和司法部門，各司其職。分權的目的在於制衡，「只有靠這些權力的相互制衡，人類本質中向暴君方向發展的趨勢才能得到控制和限制，任何程度的自由才能保留在這個政體中」。

　　三權分立的思想始於洛克（John Locke），完成於孟德斯鳩。北美思想家創造性的將三權分立原則與共和制結合起來，使政府不但受到來自外部選舉的縱向制約，而且還受到來自內部分權的橫向制約，從而更加完善。這一點可以說是美國對西方政治思想的貢獻。

　　第四，必須有一部成文憲法確保政府實行法治。北美思想家認為，必須有一部成文憲法使政府的三個部門共同遵守，否則，「所有臣民的權利和特權都會處於一個非常軟弱的基礎上，並為統治者的意志和任性

這個非常不穩定的因素所左右」。有人指出，「統治者總有一些利益與人民的利益相牴觸，與其對社會的職責相矛盾」，因此必須做出明文規定，迫使其忠於職守。而這種憲法必須含有明確保護人民利益的條文，否則目的難以達到。正是在這種思想的指導下，美國制定出世界近代史上第一部成文憲法。[1]

　　在以上四個方面，美國的政治體制做出了全世界的首次變革。當然，為了實現這種變革，美國付出了八年獨立戰爭的代價。但是放眼全世界，這一代價是值得的，因為美國實現的體制創新對全人類都具有示範作用。代理制、共和制在全世界許多國家普遍推行，三權分立、憲法更是大行其道，幾乎每個國家都在談論這些問題。將來人類到宇宙其他星球進行殖民的時候，搞不好這種體制也會被推廣到宇宙的各個角落。然而，宇宙中是否只有這樣的體制才是合適的「國家治理」或者「世界治理」體制？很難說。畢竟，我們地球人目前的見識跟整個宇宙比起來都還太不值一提。甚至於，自由和民主這兩個對地球上的國家而言顯得至關重要的前提，在宇宙中是否成立都還是個未知數。然而，無論如何，這一體制創新在地球上已經有了成功的案例，我們在面對浩瀚的宇宙的時候也就有了更多的自信。也許，這才是對人類最大的價值。

1　李巍・試論美國獨立戰爭時期的民主思想 [J]・山東社會科學，1989, (2):83-87.

第二節　站在成功的邊緣：洋務運動

在任何一個現有的體制內進行體制創新都是一件困難的事情。現有的在位者、體制內的既得利益者都會盡可能的維護現有的對他們有利的體制。這種情況在經歷了 2,000 多年封建時期的中國尤為突出。然而，就是在這樣具有根深蒂固的封建制度傳統的中國，卻曾經出現了一次浩浩蕩蕩的體制革新。這就是發生在 19 世紀末的洋務運動。

太平天國運動期間，一批漢族地主階層的實力派官員異軍突起，曾國藩、李鴻章、左宗棠等人能力突出，並且意識到西方工業力量的強大和西方軍事力量的強大。在平定太平天國起義和捻軍之後，清政府高層內就是否實施改革、興辦洋務、學習西方文明的問題展開了激烈爭論，並分化為保守派和洋務派。以慈禧太后為最高統治者的清帝國統治核心既忌憚傳統政治勢力，又需要依仗洋務派的實力型官員來維護國家統治的穩定。他們最終採取了循序漸進的模式，以既有的政治體制為基礎展開。洋務運動逐漸興起。

洋務運動期間，西方自然科學大量引入中國。大量的新式企業、工廠得以創建。新式的軍隊被建立，新型武器被採購和普及。然而，涉及清朝統治最基礎層面的創新，是教育領域的變革。在政治體制改革一直缺位的情況下，教育變革成為洋務運動期間最為重要的體制創新。

在教育領域的變革中，新式學校的創立是一大亮點。據統計，西元 1860 年代以前，中國各地教會學校不過四、五十所；到 1860 年代末則已達 800 餘所；到西元 1899 年，天主教與基督教新教創辦的教會學校總數增加到 2,000 所左右；1912 年，中國各類教會學校在校學生約有 20 萬名。這裡培養了許許多多近代中國第一代科學技術人才、翻譯人才、教師等近代知識分子。所有這些，對於在中國傳播西方近代自然科學知識，起了啟迪和教化的作用。

　　從西元 1862 年奕訢奏准創辦中國第一所官辦外語專門學校——京師同文館，到西元 1894 年在煙臺創辦煙臺海軍學堂，32 年間，洋務派共創辦新式學堂 24 所，其中培養各種外語人才的 7 所，培養工程、兵器製造、輪船駕駛等人才的 11 所，培養電報、通訊人才的 3 所，培養陸軍、礦務、軍醫人才的各 1 所。這些學校以學習西方近代軍事、科學技術為主，多偏重於西方自然科學的教學和學習，主要是為了培養洋務所需要的新型軍事、科技人員。在這些新式學堂裡，學生學的不再是八股文章、四書五經，而是外語、外國史地、代數、微分、航海、化學、物理、天文、國際法、天文、地輿、格致、測繪、軍事專業課等。[1]

　　福州船政學堂的學生「半日在堂研習功課，半日赴場習製船械」，將課堂上所學的理論知識，在實踐中加以運用檢驗，以培養實際操作能力。北洋武備學堂的學生在課堂上學完理論後，也要上操場實地演習炮臺營壘新法，操習馬隊、步隊、炮隊及行軍、布陣、分合、攻守諸式，而不再是紙上談兵。福州船政學堂先後培養出 628 名航海、造船、蒸汽機製造方面的管理、駕駛及工程技術人員。北洋武備學堂自開辦到 1900年毀於八國聯軍炮火的 15 年間，培養了近千名近代軍事指揮員。

　　不僅如此，洋務派還大力推進留學。從西元 1872 年～ 1875 年，清政府每年派出 30 名幼童赴美國學習，4 年共派遣 120 名，學習期限 15年。這些留美學生必須先進入美國的中學，學習基礎知識，然後進入軍政、船政兩院，學習軍政、船政、步操、製造等科目。完成了派遣第一批留美學生之後，又派遣了六批留歐學生，西元 1876 年，李鴻章派 7名淮軍青年軍官到德國留學，這是中國最早的陸軍留歐學生。西元 1877年，沈葆楨從福建船政學堂挑選 30 人前往英國、法國留學。西元 1881年李鴻章從北洋水師學堂和福州船政局挑選 54 名學生赴歐留學。[2] 至

1　李江源，楊樂．略論洋務運動時期中國高等教育制度的變革 [J]．高教探索，2006, (6):9-13.

2　樊源．論洋務運動時期的教育改革 [J]．忻州師範學院學報，2013, 29(6):107-109.

第四章　體制的力量：舞動的精靈

1892 年，清政府先後共派遣留學生 197 人。他們當中的不少人成長為中國近代史上的著名人物，如京張鐵路的設計與建造者詹天佑、北洋大學校長蔡紹基、民初國務總理唐紹儀、《天演論》的翻譯者嚴復等。

此外，翻譯在中西文化交流中發揮著重要的作用。當時翻譯出版自然科學譯著的機構主要有美華書館、益智書會、博濟醫局，都是由教會主持的。洋務派創辦的主要是江南製造局翻譯館。

以《萬國公報》、《格致彙編》為代表的報刊成為中國人向西方學習的橋梁，而在晚清備受重視。

幾乎在同時期，日本進行了明治維新。

由於洋務運動與明治維新這兩場重大的社會改革運動存在目的差異，即一為繼續維護清王朝的封建統治，一為建立新型的資本主義國家，因此，教育改革的目的自然也就產生了明顯不同。

作為洋務運動的宗旨，「中學為體、西學為用」是逐漸成熟和深化的，也是在爭論中逐漸形成的。可惜的是，洋務派們爭論的是要不要向西方學習，而不是要改變中國落後的政治制度、思想認知和教育觀念，但在遵守中國封建制度和傳統道德上大家都是一致的。洋務派主張用中國的傳統思想來教育學生，為培養忠君愛國的思想，要求必須加強「三綱五常」的教育，向學生灌輸崇拜孔子、遵守儒教的意識。在牢固掌握中國學問的基礎上，再接觸西洋學問。相比之下，在明治維新教育改革指導思想中，儘管也有封建主義的殘餘，亦提倡忠君愛國，但其主體基調還是資本主義的。

在「中體西用」中，「中體」是主體，是本，是主要的方面；「西用」是客體，是輔助，屬於末端，是次要的方面。相比之下，在明治維新的「和魂洋才」中，「和魂」與「洋才」無所謂誰是主體，在地位上二者是平等的，即倫理道德與科學技術互為補充。所謂「東洋道德，西洋藝術，精粗不遺，表裡兼該，因以澤民物，報國恩」。

　　清朝社會沒有為洋務教育發展創造合適的政治土壤。腐敗的官僚體制和既得利益者對洋務派主張的教育改革持強烈的抵制態度。此外，以封建道德守衛自居的大部分知識分子並不了解也不認同近代教育。這些因素成為洋務派推行新式教育的阻礙力量。

　　清政府並沒有把京師同文館之外的科技教育、軍事教育真正納入教育體制內。洋務教育的領導機構始終是同文館。缺乏全國性的新教育管理機構，是洋務教育改革難以形成重大和全面突破的重要原因之一，也是洋務學校在辦學層次、管理體制、保障體制、學生規格、辦學規模等各方面水準低下的癥結所在。所以，洋務學校各自為政，難成系統的格局也就不足為奇了。

　　相反，明治維新為日本教育的發展做了政治、經濟和社會諸方面的準備，打下了堅實的基礎。在資本主義政權建立 3 年後，組建了專門管理教育事務的中央政府組成機構——文部省，建立起近代教育制度，完成了包括教育在內的社會諸多領域的改革。在這一過程中，資本主義經濟的發展對日本近代教育改革產生了積極影響，源自經濟部門對教育和人才的強烈需求為近代教育改革的推行提供了強大動力，同時社會和政治改革也要求對教育進行改革，從而使教育發展與經濟、社會變革形成了良性互動態勢。

　　日本主動的、多方位的，把教育領域的物態文化、意識形態文化等作為一個不可分割的系統整體來學習借鑑，從而完成了教育近代化，並初步形成自己的教育特色；而中國則是部分的、孤立的，僅吸收了若干物態文化，對意識形態文化基本未予吸收，未能走上教育近代化的道路。

　　洋務教育改革走的是一條「人治」的道路。洋務教育始終是在個人領辦下，由政府要員或地方官僚舉辦，沒有法律的支撐，並非國家意志，以致在中國沒有形成興辦新式教育的熱潮。

第四章　體制的力量：舞動的精靈

　　而日本的明治教育改革走的是一條「法治」的道路。在改革中，一開始就加強了整體設計，注意運用法律來明確舉辦教育的主體、辦法和途徑，即政府是舉辦教育的主體，國家和地方政府負責教育事務和興辦學校，教育發展按照法律法規推進，教育改革是有計畫、有目的的執行。

　　在改革初期，由於強大的專制政治機器，如果清政府要想進行改革，要比日本具有明顯的政權優勢。早在漢代，中國就發展出相當制度化的官僚體系，隋唐時期科舉制的確立和完善使中國很早就擁有了完備的文官選拔制度，其政治運轉效率相當高。優良的行政組織和文官制度，高效率的官僚體系，以及高度集權的中央政府，使其具備了應對西方挑戰、進行近代化的理論可能。

　　然而，歷史卻不是這樣演進的。自 19 世紀中後期起，中國在應對西方列強的挑戰中接連遭遇挫折，最終導致傳統政治體系接近崩潰，其近代化進程遠落後於日本。自鴉片戰爭後，在西方列強的重重逼迫下，中國的傳統政治體制處於一種難以遏制的衰敗過程中，中央政府的統治力一再被削弱，根本不可能出現一個強大、高效能而又具有近代化取向的中央政府來應對外來挑戰並進行自上而下的改革。中國實現近代化的政治條件喪失殆盡。

　　問題的關鍵在於，當時的清政府中缺乏強大的推行近代化的動力群體，或者說是傳統的舊勢力太過強大，傳統意識太過頑固，整個官僚體系已經腐敗不堪，「一年清知府，十萬雪花銀」就是真實寫照，大部分官員無心也無力去進行改革。

　　西元 1793 年，英國人馬戛爾尼（Macartney）率使團訪華，乾隆皇帝批准給使團的招待費為每天五千銀兩，其中的大部分被參與接待的官員中飽私囊。看到這一幕的馬戛爾尼因此對「大清帝國」極為蔑視——

這個孤傲自滿的東方帝國不過是一艘外強中乾的「破船」![1]

在遭遇了一系列危機之後，面對嚴峻的現實，為了尋求自保和圖存，清王朝被迫選擇改革是必然的。誠然，這一次體制創新是漸進式的，因為清王朝的出發點是維持其原有的政治體制，而不是顛覆。無論如何，這是一次清政府主導的具有資本主義改良性質的改革，客觀上推動了中國近代工業化的進程，使得更多的現代化事物進入中國。洋務運動期間，中國派遣大量留學生到歐美國家留學，在學習西方工業文明和先進的科學技術的同時，這批留洋求學的學生受到了西方資本主義文明的影響，民主、自由等現代人文思想對於中國的思想解放和近代的發展產生了積極作用。

然而，從社會文化的角度來看，洋務運動這一創新僅僅停留在菁英階層和知識分子階層中對西方科技文明的普及和推崇的層面，除此之外，別無建樹。從政治體制的角度來看，洋務運動僅僅是在原有的制度基礎上做了一些微小的調整，更多的是清王朝權力中心的轉移以及統治階層政治利益的重新分配。政治制度改革和政治現代化過程並沒有在洋務運動中呈現。這就基本上預言了洋務運動作為一次體制創新的悲劇式結局。

洋務運動歷時三十年，如果從自強救國抵抗外國侵略方面來看，可以說是失敗了。因為洋務運動並沒有也不可能使清朝很快的富強起來，擺脫半殖民的半封建的社會地位。但是洋務運動在思想觀念、軍事、社會經濟及科學技術、文化教育等諸多方面，都進行一系列的改革，改變了傳統社會的若干面貌。洋務運動雖然未使中國近代化完成，但卻為中國的近代化尤其是工業近代化打下了一個薄薄的基礎，也累積了一些符合中國國情的實現近代化的經驗。中國正是在這個薄弱的近代工業的基

1　費正清·劍橋中國晚清史：上 [M]·北京：中國社會科學出版社，1985:155.

礎上再接再厲，走完了舊民主主義革命和新民主主義革命的歷程，也為轉向社會主義革命準備了條件。

洋務運動之所以失敗，除了文化路徑依賴，還有體制路徑依賴，體制創新嚴重不足。例如，官辦的軍事工業仍然具有濃厚的封建性。所有局廠都不是獨立經營的企業，而是地方政府的一個組成機構。由於把封建官僚衙門的一套官場惡習搬到局、廠，腐敗現象就在所難免。生產效率普遍低下，成本高昂，管理混亂。例如，福州船政局造船費用甚至高於向外國購船費用。軍火供應工作完全被封建官僚所把持，偷工減料，營私舞弊，賄賂公行。造成後來北洋艦隊彈藥奇缺、砲彈不合規格。

與科學創新、技術創新不同，體制創新更需要一個良好的「勢」。這個「勢」就是大環境、大趨勢，包括經濟基礎、政治環境、社會民生、文化認知、變革的領導魄力等。只有大勢所趨，才有可能進行重大的、根本性的體制創新。否則，勢的累積不足，結果只能是：要麼在根本性、革命性的體制創新過程中被保守派、頑固派打敗，如王安石變法、戊戌變法；要麼只能進行漸進式的、改良式的創新，對原有的體制、統治基礎無法撼動，如洋務運動。

在英國資產階級革命中，帝國的野心、科學的求知欲、資本的貪婪三個因素交相輝映，互相推動，共同促成了資本主義制度在英國的最終建立。地理大發現使帝國的膨脹野心累積到一個瀕臨爆發的臨界點；科學技術的發展使人們的胸中洋溢著不可遏抑的情懷；資本家、企業家對財富的瘋狂渴望使整個西歐都沉浸在如痴如醉的狀態中。這樣的大環境，造就了資產階級革命的時勢。

在北美獨立戰爭中，殖民地人民對宗主國的不滿情緒日漸增長，加上「天賦人權，生而平等」思想的薰陶，最終促使了反抗的槍聲響起。在這樣的時勢面前，宗主國英格蘭的強力彈壓所起的作用不過是火上澆油而已。

如何建構有利於體制創新的「勢」？必須考慮到以下因素：

在設計體制創新方案時，必須考慮到制度的路徑選擇問題。在制度變遷中，存在著收益遞增和自我強化機制，不同的路徑選擇會產生不同的結果。制度是具有慣性的，當人們選擇了某種制度，由於種種因素，會導致一種制度沿著一個方向自我強化，社會很難由此走出來，最後陷入「鎖定」狀態。這在一定程度上就形成了制度變遷的「勢」。為了「因勢利導」、「順勢而為」，就必須在設計體制創新的方案時考慮到路徑選擇問題。創新要獲得預計的成效，建立起有效率的政治、經濟體制，並且實施的過程比較順暢，遇到的阻力、風險較小，這不僅取決於決策者的主觀願望，而且依賴於創新最初所選擇的路徑。如果選擇了錯誤的路徑，即使目標明確，措施到位，創新的結果也會偏離預定的設計，進入另一種體制，致使制度變遷誤入歧途。

在體制創新中，決策部門的角色必須重新定位。在國家的體制創新中，政府角色的重新定位更是其中的核心。要加速實現國家的現代化，提高政府政策的效應，就必須首先釐定政府的職責範圍，使政府職能更多的立足於社會公共事務方面，加強立法機構在國家立法方面的作用權重，使政策從屬於法律，這樣方能有效發揮政府政策，特別是政府經濟政策的績效。

在體制創新中，還要建構符合時代特徵的社會群體心理，也就是在一個較長時段內社會公眾普遍認同的價值觀與價值偏好。在制度變遷中，社會心理的影響力是不能低估的。在中國的現代化進程中，建構符合時代特徵的社會群體心理、使體制變革成為廣大民眾普遍理解、認可、接受、支持的事業，是一項艱鉅的任務。中國社會民眾對傳統的背負仍然相當沉重，要他們徹底放棄舊的社會心理觀念，不僅僅需要現實的逼迫，還需要理性的思索，從根本上轉變有礙於社會發展的傳統觀念。在這個過程中，教育、文化、社會活動都扮演著重要的作用。良好

的啟發式教育能夠引導公民進行探索式、反思式的思考，從心理上了解、理解、支持體制創新；合理的、良好規畫的文化活動能夠營造積極向上的氛圍和有利於變革的環境；多方位的社會活動則能夠幫助公眾更多的親身參與變革，從而在無形中推動變革的進行。

第三節　體制創新中的領導

在所有的創新領域，體制創新對堅決、果敢、韌性、遠見、洞察力、執行力的領導者的要求可能是最高的。儘管技術創新、科學創新也需要創新者付出很大的努力，也需要執行者持之以恆、堅忍不拔、高瞻遠矚、洞見三分，然而體制創新的不同在於，領導者面對的最大困難並不是自然界中的物，而是社會中的人的群體。

自然界中的物，不論是有生命的生物還是沒生命的非生物，在創新者面前都難以呈現出群體意識，或者說，沒有能力在某個主導意識下採取主動的行動。因此，在發明飛機、發現萬有引力的過程中，萊特兄弟和牛頓要做的就是針對自然界原有的規律進行發掘和重組，不需要擔心飛機翅膀突然跳起舞來或者太陽和行星之間的引力突然不再受距離的影響。

體制創新所面對的人群則不然。這些人不是案板上的鯰魚或者待宰的羔羊，而是活生生的、有自我意識和主動行為能力的人。17 世紀，當克倫威爾採用護國主的頭銜統治英格蘭、蘇格蘭的時候，有些議員企圖限制他和軍隊的權力；當議會向克倫威爾提出《恭順的請願和建議書》、主張由他當國王的時候，由於害怕高階軍官的反對，最後他也沒敢接受國王的稱號。可見，體制創新是面臨很大挑戰的。

然而畢竟有勇者把體制創新堅決的推進下去。北美獨立戰爭中的湯瑪斯‧傑佛遜、喬治‧華盛頓（George Washington），不懼怕英國的軍事力量，在思想上、行動上實行了艱苦卓絕的抗爭，終於獲得了勝利，成功的把這一次體制創新堅持到底。19 世紀末，康有為、梁啟超等人，也用自己的勇氣和信念，實行了公車上書和戊戌變法。儘管這一次政治體制創新最後失敗了，但是這些創新者用自己的實踐，把政治制度變革的種子播撒了下去。也是在 19 世紀末，曾國藩、李鴻章等人開創的

第四章 體制的力量：舞動的精靈

洋務運動，儘管沒有獲得成功，但是同樣把經濟體制創新的種子埋在了中國的土壤中。在體制創新中，領導者的才能、智慧和果決永遠是至關重要的成功要素。

第四節　體制競爭：創新的溫床，還是絞架？

在體制創新中，競爭也是一個重要的考慮因素。

毫無疑問，競爭可能是產生創新的重要動力之一。國家與國家之間存在著經濟、政治、外交、軍事、環保等多方面的競爭。為了獲得這些方面的競爭優勢，國家往往會大力鼓勵體制創新。

在經濟方面，進入 20 世紀以來，經濟力量的增長往往意味著國家綜合實力的關鍵一環的增強。在 1920 ～ 1930 年代，誰能率先走出大蕭條，率先重新發展自己的國民經濟體系，誰就在國際上擁有了優先話語權。當歐洲各國被大蕭條折磨得焦頭爛額的時候，美國依靠凱因斯主義和羅斯福新政，緩解了危機。富蘭克林 · 羅斯福（Franklin D. Roosevelt）總統順應廣大民眾的意志，大刀闊斧的實施了一系列旨在克服危機的政策措施。整頓銀行與金融系；透過《全國工業復興法》與藍鷹運動來防止盲目競爭引起的生產過剩，各工業企業制定本行業的公平經營規章，以防止出現盲目競爭引起的生產過剩，從而加強政府對工業生產的控制與調節；向減耕減產的農戶發放經濟補貼，提高並穩定農產品價格；大力興建公共工程，推行「以工代賑」，增加就業刺激消費和生產。羅斯福新政措施使總統權力全面擴張，逐步建立了以總統為中心的三權分立的新格局。這一重要的體制創新，使美國迅速扭轉頹勢，率先走出了大蕭條的陰霾，拉開了與歐洲諸強的經濟差距，成為世界上毫無爭議的頭號經濟強國，並且為迎接反法西斯戰爭的到來做好了經濟準備。

毋庸置疑，競爭的確為體制創新帶來了強大的動力。國家為了獲得更強的經濟、政治、外交實力，就不可避免的要考慮進行各種形式的創新，例如改革原有的經濟體制、推倒舊的政治理念或措施、實施不同以往的外交辦法。

第四章　體制的力量：舞動的精靈

　　然而，另一方面，競爭所產生的體制變革也有可能導致破壞性的後果。1950 年代，中國為了「超英趕美」、推動經濟增長而實施的「大躍進」，煉出了數以億噸的殘差次品鋼鐵。「稜鏡計畫」揭示，為了在國際競爭中占據上風，美國國家安全局可以對即時通訊和既存資料進行深度的監聽，許可的監聽對象包括任何在美國以外地區使用參與計畫公司服務的客戶，或是任何與國外人士通訊的美國公民，這嚴重的侵害了美國公民和其他國家公民的隱私，也嚴重的侵犯了其他國家的主權。在中國的改革開放中，為了追求 GDP 的迅速成長，很多省市忽視環境汙染、能源消耗的問題，以資源和環境為代價進行經濟建設，青山綠水不見了，剩下的是光禿禿的山頭和臭水溝、爛泥潭；一些地方以為建個開發區、多蓋幾棟樓就能跑步進入城市化，然而在房地產開發的過程中定位不準、缺乏規畫、不做調查研究，最後建成了一座座無人問津的「鬼城」。就在今天，為了爭奪為數不多的優秀人才，中國的各個大學為「傑出青年」、「長江學者」、「千人計畫」紛紛開出了高價，相互拆臺、互相挖腳，形成了世界高等教育領域一道獨特的風景線。如今，中國各級政府開高價吸引海外歸國人才，這也導致一些人為了拿到高薪而偽造虛假資訊，按照經濟學理論就叫「逆向選擇」，例如上海交通大學的陳進教授發明「漢芯」，騙取了無數的資金和榮譽；也有可能「為名所累」，戴上了各式各樣頭銜的帽子之後在龐大的工作負擔之下難以持續，例如中科院女科學家、「青年千人」趙永芳因病離世，年僅 39 歲。

　　不僅於此，由競爭所導致的變革結果甚至有可能是災難性的。國家與國家之間的競爭尤其如此。在中國古代史上，元清兩朝少數民族進入中原地區之後，為了穩固其統治基礎，對漢族實施了屠殺、焚書、愚民政策；在來自西方的競爭壓力面前，為了維護「普天之下莫非王土」的理念，明朝有意的忽視西方科學技術，拒絕開放，實施海禁，閉關鎖國，使中國的科學技術迅速的落後於文藝復興之後的西方世界；清朝在

維護虛無縹緲的「天朝上國」幻象方面比明朝有過之而無不及，從而進一步加劇了落後狀態，導致在西元 1840 年之後的近百年時間裡，中國被西方列強欺凌掠奪。更不要說由於爭奪有限的生存空間和資源，先後爆發的兩次世界大戰了。就在第二次大戰結束後，美蘇兩強仍然為了競爭世界霸權而展開了驚心動魄的「冷戰」，在古巴導彈危機中甚至把整個世界推到了毀滅的邊緣。

因此，我們不得不提出這個問題：在什麼情況下，由於競爭導致的體制變革會成為有價值的創新？而在什麼情況下，由於競爭導致的體制變革會導致破壞性的甚至災難性的後果？

這個問題恐怕並不是無關緊要的。尤其是，我們看到，在科幻小說《三體》中，由於地球文明與三體文明之間的競爭，先後產生了幾種結果：首先是占據科技優勢的三體文明打算消滅地球文明，地球文明處於崩潰的邊緣；然後是在地球文明的威懾下出現了一種動態平衡（被迫的和平共處），地球文明甚至藉此實現了跨越式的科技進步，而這些是在最極端的集權體制下（整個地球文明只有一個最高領導者「執劍人」）實現的；最後，由於座標被暴露，三體文明被摧毀，而地球文明最終也沒有逃脫被宇宙更高等文明所摧毀的命運。這樣戲劇性的變化，正是由於兩種文明之間的競爭所導致的。說到底，「黑暗森林」理論正是競爭的一種極端情況。宇宙中的不同文明之間的生存競爭，導致出現了「公開即毀滅」的悲劇性結局。表面上看，這是由於技術發展水準的差距導致的；可實際上，它反映的是不同文明體制的生存機會的競爭。因此，對於這個問題的思考，恐怕不僅僅局限於人類文明的範疇，而是值得擴展到更大尺度。

第五節　李約瑟難題的體制解

　　講到創新與體制之間的關係，就不得不再次提到那個著名的「李約瑟之謎」：創造了古代科學技術輝煌成就的中國，為什麼近代科學技術落後了？

　　儘管對這個謎存在各種解釋，然而不得不說，制度學派發出的聲音是最為響亮的。

　　必須看到，歐洲在羅馬帝國崩潰後缺少一個統一的政治權力中心，教權與俗權、王權與貴族、領地與城市的多元權力中心並存，而在經濟結構上實行封建領主制。中世紀的黑暗統治加上戰爭、自然災害等各種因素的影響，使得西元 14 世紀初到 15 世紀中期，歐洲經濟陷入了萎縮和危機，封建領主制的迅速瓦解、相對獨立的工商業城市化的興起使得經濟體形式更加多元化，為商品經濟和貿易的發展提供了基礎；而生存和競爭的需求又迫使歐洲把目光投向海外，航海和地理大發現為原始資本累積了大量的財富，為資本主義在歐洲的產生及加速提供了物質保障。

　　反觀中國，經濟制度上實行以租佃制為主的封建地主制，政治上是大一統的中央集權的賦稅制及官僚層級制度。在經濟生活方面，租佃制的農民比領主制的農民有較多的自由和靈活性，也更有生產積極性，這種經濟形式更具有靈活性和自我調節能力。封建地主經濟的這種適應性和頑強性對中國封建社會的長期維持產生了重要作用。再加上統治者出於社會穩定的需求，實行重農抑商的政策取向，長期壓抑打擊商人階層和商業資本，商業、資本主義萌芽始終難以完全依靠自身力量成長起來。可以想像，假如沒有 19 世紀來自西方列強的強大外部壓力，中國的封建制度是否能在 20 世紀初壽終正寢，還很難說。[1]

　　在政治制度上，封建社會的中國往往具有一個強有力的中央權威、

1　孫曄・近年來經濟學界關於「李約瑟之謎」研究述評 [J]・教學與研究，2010, (3):86-91.

金字塔型的官僚層級體系，並且實施對普通百姓具有誘惑力的人才選拔機制——科舉制，在整個制度體系中有層層控制、有官吏間相互牽制、更有面向基層大眾的激勵機制，從而形成了一個超穩定的政治結構。尤其是，宋太宗趙光義時便開始全面海禁；在明代，從 15 世紀的鄭和下西洋之後，海禁政策愈加嚴格，因此外部的商品經濟、資本主義的氛圍始終無法找到進入中國的窗口。

重農抑商的政策取向，使得創新的商業化難以實現，價值鏈條的不完整制約了創新者的積極性。以文為主導的、忽略理工類學問的人才選拔機制，使得創新者在社會階層中處於中下層，「市農工商」的排位順序決定了創新者的呼聲是不被重視的。前所未有的封閉體制，使得中國的經濟、科技、文化與其他世界幾乎處於絕緣的境地，創新賴以存在的開放、自由、交流的環境無法營造，更制約了近代中國的創新活動的推展。

就在中國的科技發展陷入了停滯的時候，歐洲卻開始了偉大的文藝復興。

產權經濟理論所揭示的制度問題更加深刻。一方面，中國古代法治缺失，統治者為所欲為，私有產權無法得到法律的保護；另一方面，憲政缺失，國家權力濫用，掌權者暴力執法，社會沒有民主。在中國古代，皇帝貴為天子，掌握著國家的一切大權以及物品的最終產權甚至人命的最終裁量權，「普天之下莫非王土，率土之濱莫非王臣」；但中國疆土遼闊，最終的管理權由各地官員代為實施，官員手中權力龐大，但監督機制缺乏，因此極易滋生腐敗。在這種法治和憲政同時缺失的政治環境下，商人階層更願意與官僚階層結成非正式聯盟而不是依靠正式的法律法規來保護自己的私有財產，打擊競爭對手。中國歷史上，官商聯姻的例子數不勝數。正是中國古代的集權和官僚體制使得真正意義的產權制度無法產生，也沒有為科學革命和工業革命的發生提供制度土壤。

第四章　體制的力量：舞動的精靈

相對的，自中世紀以來，西方國家極為重視私人產權的保護，即使是國王、皇帝也不能為所欲為，必須尊重私人財產的產權。同時，西方對於智慧財產權也給予了極高的尊重，建立了健全的專利和發明保護制度，從而為科學革命的發生奠定了基礎。在某種意義上，這種私人產權保護的制度與民主制度是一脈相承的。有了德先生（democracy）的土壤，賽先生（science）就適時的出現了。在 18 世紀後的西方，科學實驗室如雨後春筍般出現，發明創造逐漸由經驗型轉向科學實驗型，並且發明創造的成果有比較完善的產權制度保護，使得實驗的成果能夠投入生產，進行盈利。我們看到，瓦特在蒸汽機技術的產業化運用過程中，主觀上運用智慧財產權來保護自己的權益，客觀上推進了先進的蒸汽機技術的產業化。這是創新歷史上的一個經典案例（見本書第五章）。

而在中國古代，雖然產生了火藥、指南針等偉大發明，但由於私人產權制度的缺失，無法發生科學革命和工業革命。在中國，大多數的技術發明都源於工人的經驗，並且是依靠家族或者師徒的方式來進行保密和傳承，沒有專門的制度來鼓勵和保護發明創造，甚至將發明創造視為「奇技淫巧」，成為達官顯貴的玩物。在這種私人產權制度嚴重缺失的經濟環境中，人們幾乎無法從創造發明中得到利益回報，發明的積極性受到遏制，這是近代中國沒有產生科技革命和工業革命的一個重要原因。[1]

在談論創新的時候，人們往往大談特談技術創新、科學創新，還有後來的產業創新，卻對體制方面的創新視而不見。這是不公平的。至少，在地球世界，在人類社會的進步歷程中，體制創新是一個不可忽視的甚至不可替代的因素。我們看到，科學的突破、技術的進步、產業的發展，只有在合適的土壤中才能發軔，而提供這片合適土壤的正是體制。風起雲湧的體制創新，譜寫了人類社會發展進程中波瀾壯闊的華彩篇章。

1　柳晨‧制度變遷角度對李約瑟難題的解釋 [J]‧當代經濟，2015, (22):132-133.

第五章

產業的變革：
用價值去征服

第五章　產業的變革：用價值去征服

　　創新是一定要產生價值的。技術創新所產生的新技術，可能會得到創業者、企業家、資本家的青睞，因而比較方便的在產業中實現價值。科學創新要實現價值可能比較難以度量——萬有引力定律創造了多少價值？哥德巴赫猜想（Goldbach's conjecture）的價值又是多大？很難說。體制創新同樣如此——英國的光榮革命、美國的獨立戰爭、中國的洋務運動都產生了多少價值？面對這些問題，人們恐怕無所適從。

　　用英鎊、美元、人民幣的數額來衡量某項科學發現、技術發明或某種體制變革的價值是很難的。這些數字更多的是用來衡量某個產業的價值，比如汽車產業、航空航太產業、人工智慧產業、虛擬實境產業。在產業領域發生的創新，是普通大眾看得見、摸得著的。

　　創新的落腳點在產業和社會，在今天人們已經就這一點達成了共識。企業家、經理人、資本家和創業者們殫精竭慮、前仆後繼，去尋找最有價值的項目，去開發最有前景的市場，去獲取最豐厚的利潤。在產業中，人們就是要用創新這個槓桿，去開發出最大化的價值，去征服世界。歷史上，產業領域的創新此起彼伏，一次又一次的奏響了驚心動魄的交響樂。

第一節　第二次浪潮

按照艾文・托佛勒（Alvin Toffler）的劃分方法，從約 1 萬年前開始的農業文明階段是第一次浪潮，從 17 世紀末開始的工業文明階段是第二次浪潮，從 1950 年代後期開始至目前為止興起的資訊化（或服務業）則是「超工業文明」浪潮——第三次浪潮。

第二次浪潮其實包含了兩次工業革命。在西元 1760 年代至 19 世紀中期的第一次工業革命中，出現了飛梭、珍妮紡紗機、抽水馬桶等發明，並被應用於生產生活實踐。然而要論影響最廣最深遠的創新成果，莫過於詹姆斯・瓦特（James Watt）的蒸汽機的發明及其產業化。

大約在西元 1763 年～ 1764 年間，以修好格拉斯哥大學用於課程教學的紐科門（Newcomen）蒸汽機模型為契機，瓦特投入設計和製造高效能蒸汽機的創新探索之中。西元 1765 年，瓦特構想出分離式冷凝器的設計，將汽缸和冷凝器分開，徹底解決了汽缸保持高溫，同時蒸汽在冷凝器中溫度得到降低的問題。然而，要把理論模型轉化為實際產品，對一名儀器製造員來說，經費和製造方面的困難可想而知，瓦特也從此走上了一條艱鉅的蒸汽機創新之路。實驗耗資龐大，效果卻不佳，很快他就債臺高築。

此時，瓦特被介紹給羅巴克（John Roebuck），使瓦特的蒸汽機研製邁出了重要的一步。羅巴克是著名的卡倫煉鐵廠的創始人，是位有事業心的企業家，對科學研究有著無比的熱情。羅巴克投資了煤礦開採，需要高效能抽水機排水。見到瓦特的發明後，羅巴克幫他償還了 1,000 英鎊的債務。他們還簽訂了一份合約。合約約定羅巴克為蒸汽機的研究和工業應用提供資金，保留三分之二的利潤作為報酬。正是這份合約為瓦特蒸汽機研製提供了技術創新的平臺。

經過努力，瓦特終於在西元 1769 年 1 月得到具有歷史意義的第一份

第五章　產業的變革：用價值去征服

專利：分離式冷凝器的發明。但新式蒸汽機建造是艱難的，即使卡倫煉鐵廠這家蘇格蘭第一流工廠擁有的優良設備，也未能達到瓦特對製造的要求。西元 1769 年 9 月，第一臺瓦特蒸汽機樣機完工，結果卻令人大失所望。加工工藝的缺陷和優秀技術工人的缺乏，限制了瓦特蒸汽機功能的實現。蒸汽機達不到預想的實用效果。這時，羅巴克也陷入經濟困境，試驗再次停頓下來。在之後的幾年裡，瓦特只能靠從事運河測量和建設工作養家餬口。西元 1773 年，羅巴克破產。幸運的是，此時富商波爾頓（Matthew Boulton）出現了。

波爾頓是「英國的第一流工廠經營者」，建有一個模範工廠，擁有最新式的機器和熟練的工人。波爾頓幾年前就聽說了瓦特的發明，對此極為關注。羅巴克破產後，合約轉給了波爾頓。波爾頓冒險開拓的企業家精神使他勇於對這樣的創新技術繼續進行投資。瓦特蒸汽機的創新終於又能夠在一個全新的環境下繼續向前發展。波爾頓對研製工作非常重視，他把自己當成蒸汽機「助產士」。瓦特再次投入實驗之中，把引擎的錫質汽缸換成了一個高度精確的鐵鑄汽缸，這是波爾頓的企業家朋友威爾金森（John Wilkinson）用自己西元 1774 年年初發明的新式鏜床加工的。瓦特蒸汽機的研製終於有了顯著進展。在波爾頓的熟練工人協助下，到西元 1774 年 11 月，機器終於能夠正常運轉了，性能大大超出當時已有的市場機器。在創新技術環境的孵化中，瓦特蒸汽機終於逐漸從構想變成了現實。

西元 1775 年，他們合夥建立了「瓦特 - 波爾頓公司」。該公司以發明權為總股份，瓦特占三分之一，波爾頓占三分之二。雖然這個公司自己生產過少量蒸汽機樣機，但是在後來大批量生產蒸汽機時，整機的生產是賣主自己或委託其他工廠加工生產的，瓦特的公司主要是出讓專利使用權，負責整機設計方案、加工指導，進行整機組裝、指導和運行維護，工人的培訓等，這些都是工業研究實驗室的特徵。這個公司既進

行基礎研究（汽化潛熱，整機工作原理等），又進行技術開發（如往復運動轉變為旋轉運動、轉速自動控制等），還進行蒸汽機整機產品的研發。這實際上是一個按股份制運作的工業研究實驗室。[1] 波爾頓為瓦特蒸汽機提供的是一個更加優越的創新成果產業化的平臺。按照法國史學專家芒圖（Paul Mantoux）所說：「波爾頓交給瓦特支配的東西是大工業的資源以及幾乎是大工業的權力。」

　　蒸汽機試驗的成功鼓舞了瓦特和波爾頓，但艱難的產品測試也耗費了大量寶貴的時間。到西元 1775 年，分離式冷凝器的發明專利權只剩下 8 年有效期（西元 1624 年英國頒布的《壟斷法規》規定，新技術的專利權期限不超過 14 年），而要成批生產並從新機器的銷售中獲得利潤，可能還需鉅額的投資和長久的時間。如果失去專利的保護，這項投資的風險就太大了。

　　分離式冷凝器是瓦特最重大的一項創新，也是瓦特蒸汽機的核心價值所在。有鑑於此，他們放棄申請新的專利，轉而透過提交「關於個人利益的議案」的請願書，希望延長分離式冷凝器的專利權期限。波爾頓請求議員在下院提出申請書，並向當時的商務部大臣達特茅斯勛爵（Lord Dartmouth, William Legge）寫信求助。經過調查，政府在西元 1775 年 5 月頒布法令，將其專利權期限從西元 1783 年延長到西元 1800 年。顯然，政府並未囿於成規，也正是政府此次靈活的政策，才會有瓦特蒸汽機後續的創新和成功。來自政府專利期限延長的正確決策，有力的保證了瓦特蒸汽機的未來市場應用，刺激了瓦特繼續改進完善的決心，也鞏固了他和波爾頓合作的基礎，對瓦特 - 波爾頓公司具有決定意義。這也展現出政府政策對一項新興技術能夠成功進行產業推廣所起的強大的引導和支持作用。

1　蔣景華・科學實驗與產業化生產相結合，促成了蒸汽機的發明——瓦特發明蒸汽機過程的啟迪 [J]・實驗技術與管理，2010, 27(1):5-8.

第五章　產業的變革：用價值去征服

　　沒有後顧之憂的波爾頓終於可以放手對項目進行投入。據估算，波爾頓為蒸汽機研發總共投入了 4 萬多英鎊。這在當時是個天文數字。

　　有著經營頭腦的波爾頓在西元 1775 年很快就為引擎找到了訂貨的買家，並說服瓦特在當年就設計製造出兩臺商用引擎。兩臺機器都非常成功，它們的煤耗量還不到當時紐科門機器用量的三分之一。其中，布魯姆菲爾德煤礦的一臺蒸汽機開工使用時還舉行了一個儀式，在西元 1776 年 3 月 11 日的《阿里斯伯明罕報》得到了報導。或許是對議會專利延期的致謝，這臺抽水機被命名為「議會號引擎」。透過示範工程，瓦特蒸汽機這項新技術得到了檢驗和完善，並向客戶展示。

　　在當時雖然瓦特蒸汽機在性能上大大提高，也節約了煤炭，但對煤炭資源豐富的煤礦主來說，這種優越性就不甚重要了，況且用新機器還須向瓦特 - 波爾頓公司繳納額外的專利權使用費，因此，在煤炭礦區推廣新機器並不容易。瓦特和波爾頓將目光轉向了康沃爾銅礦區，這裡煤炭價格極高，並且隨著礦井越來越深，紐科門機器難以發揮作用。結果，康沃爾銅礦的工程師在參觀了「議會號引擎」抽水機後，立刻意識到其價值。

　　康沃爾銅礦區不同於煤礦的產業需求為瓦特蒸汽機提供了難得的市場新機會。此後，「議會號引擎」同款的抽水機被源源引進。瓦特和波爾德採取的商業模式是向客戶收取專利費：除了機器的製造費用和安裝費用之外，將瓦特蒸汽機的抽水效率和用紐科門蒸汽機的抽水效率相比較，從抽水中節省的燃燒費中抽取三分之一作為酬金。這需要相當精確的量化，這種量化既是銷售蒸汽機的商業模式，也貫穿了瓦特的研發過程。[1]

　　當康沃爾的銅礦主們習慣使用瓦特蒸汽機之後，他們對於需要支付

1　何繼江・科學和技術分別為瓦特蒸汽機的發明貢獻了什麼 [J]・科學學與科學技術管理，2012, 33(4):13-18.

高額的專利費用也日漸不滿。西元 1780 年，全郡的礦主向議會請求取消專利權。這場官司一直打到西元 1799 年。

在那段艱難的日子裡，瓦特 - 波爾頓公司一直步履維艱，未實現盈利。為了擺脫困境，在變賣一部分財產之後，西元 1780 年波爾頓又以抵押方式從倫敦的銀行家籌得 1.7 萬英鎊，他還向其他地方的銀行家以引擎專利權稅為擔保籌措錢款。面對龐大的債務壓力，技術人員出身的瓦特打起了退堂鼓。但身為企業家的波爾頓一方面千方百計為新蒸汽機的研發四處籌款，另一方面還在積極思考蒸汽機新的市場應用。

敏銳的波爾頓發現許多磨坊主都盼望使用蒸汽推動的碾磨機，立即預見了在磨坊中旋轉式引擎的市場應用前景。在他的推動下，瓦特陸續發明了從蒸汽機中獲得旋轉運動的幾種方法。西元 1781 年，瓦特獲得了他的第二項專利，那就是「太陽與行星」齒輪聯動裝置的專利，這種裝置將引擎的直線往復運動轉化為圓周運動，從而能夠帶動其他工作機的運行。這是瓦特蒸汽機創新過程中獲得的重要突破之一。從此，瓦特的蒸汽機從改良的火力機轉變為通用的動力機，其應用範圍也隨之得到極大的擴展。發明旋轉式蒸汽機的推動力與其說是發明家瓦特，還不如說是具有傑出市場意識的企業家波爾頓。

接下來，西元 1782 年，第三次重大技術創新——採用雙向汽缸、直接利用蒸汽膨脹推動活塞運動的雙作用引擎產生之後，瓦特蒸汽機的工作原理已經完全有別於紐科門蒸汽機，成為真正的瓦特引擎。西元 1784 年，瓦特獲得平生最感自豪的平行傳動裝置專利。這一裝置極大的提高了引擎傳動的穩定性和耐久性。

瓦特蒸汽機經過不斷的技術創新變得完善，成為高效能的機器，而已在市場上應用 60 多年的紐科門機器，則為瓦特蒸汽機的全面應用開闢了道路。相對於紐科門機器 0.5％的熱效率，瓦特蒸汽機熱效率達到 4.5％，熱效率提高將近 10 倍。

第五章　產業的變革：用價值去征服

隨著它在工業中的應用越來越廣泛，瓦特 - 波爾頓公司在西元 1786～1787 年終於償還了所有的債務，從其龐大的投入中開始獲取利潤。西元 1790 年，豐厚的專利稅已經使瓦特成為一個富有的人。

在英格蘭和蘇格蘭的煉鐵行業中，瓦特蒸汽機帶動了鼓風機、滾軋機和汽錘，這些機器發出的轟鳴聲成為這個行業的特徵。在煤礦裡它用於抽水和把煤輸往地面。蒸汽機也用來推動磨機，如麵粉磨、啤酒廠的麥芽磨、陶器工業用的燧石磨等。其中，倫敦的阿爾比恩碾磨廠在社會上帶來廣泛的影響，它成為旋轉式引擎的一種上好的廣告。西元 1790 年，該廠一週之內就磨出了價值 6,800 英鎊的麵粉，這種產量在當時是個奇蹟。英國紡紗業的快速發展也為蒸汽機應用帶來了市場。西元 1785 年魯賓遜紗廠率先使用瓦特蒸汽機紡紗，之後其他的紡紗業大工廠紛紛使用。從西元 1794 年起，保守的毛紡廠也漸漸引入了蒸汽機。[1]

後來，另一個好消息傳來。在與銅礦主們曠日持久的訴訟後，政府再次維護了瓦特蒸汽機的專利權利。西元 1799 年，合夥公司領到了 3 萬鎊以上的欠付的使用費。這一時期，雖有同樣研製蒸汽機的競爭者，但瓦特 - 波爾頓公司受到專利權的保護，從而成為生產和出售蒸汽機的唯一企業，這一優勢也使得他們有機會不斷改進完善瓦特蒸汽機。美國經濟學家道格拉斯．諾斯（Douglass North）認為，工業革命之所以能夠在英國率先發生，就是因為建立起了對財產權（尤其是智慧財產權）的有效保障制度。

瓦特蒸汽機專利於西元 1800 年到期，64 歲的瓦特選擇了退休。此時，已經有 496 臺瓦特蒸汽機在英國的礦山、金屬加工場、紡織廠和啤酒廠裡運行，包括 308 臺旋轉式蒸汽機，164 臺幫浦機和 24 臺鼓風機。到西元 1830 年，蒸汽機的應用情況大概是：在大型工廠中多使用瓦特機；

1　遲紅剛，徐飛．瓦特蒸汽機技術創新的社會視角分析 [J]．科學與社會，2015, 5(4):102-114.

在較小企業中通常使用蚱蜢式和臺式蒸汽機；在礦山和水利工程中供提水用的一般是特里維西克高壓蒸汽機；在航運中推動汽船明輪的是側桿式蒸汽機；鐵路蒸汽機車的實踐則還處於萌芽階段。[1]

相比而言，與英國隔海峽相望的法國，西元 1820 年全國只有 30 臺蒸汽機，到西元 1848 年增加到 5,400 臺，總功率 6.5 萬馬力；到西元 1869 年猛增到 3.2 萬臺，總功率多達 32 萬馬力。

從 18 世紀末起，瓦特蒸汽機終於在英國全面取代了水力發動機和紐科門蒸汽機，不僅形成了龐大的蒸汽機產業，而且對其他工業部門產生了強大、廣泛而深遠的推動力。創新的技術使得工廠從河流旁搬到人口集中的城市裡或是資源集中的地方，極大的推動了社會生產的進步和發展。英國西元 1700 年的煤產量約為 300 萬噸，由於引入蒸汽機，到西元 1800 年總量翻了一倍。到西元 1850 年，蒸汽機已經成為英國工業的主要動力，煤炭年產量成長到西元 1700 年的 20 倍，充分展現出創新驅動發展的強大作用。

蒸汽機發明以後，不僅紡織業中的水力機被很快排擠，而且幾乎所有工業部門中的水力機和畜力都被逐步排擠。到西元 1835 年，英國棉紡織業使用的蒸汽機至少提供了 3 萬馬力的動力，而水力動力僅為 1 萬馬力。西元 1839 年，全英紡織業使用的蒸汽動力已發展到 7.4 萬馬力，而水力動力降至 2.8 萬馬力。到西元 1850 年，手工織布機幾乎完全絕跡，基本上被機器織布機（主要是蒸汽動力織布機）取代。到西元 1856 年，全英棉紡織業使用的蒸汽機動力已高達 8.8 萬馬力，而使用的水車動力已降至 9,130 馬力。

蒸汽機還很快在全世界的交通運輸業產生了強大的擴散效應。西元 1771 年，法國的居紐（Cugnot）研製開發成功公路蒸汽馬車；西元 1807

1　查爾斯‧辛格，等‧技術史：工業革命 [M]‧第 4 卷‧上海：上海教育科技出版社，2004.

第五章　產業的變革：用價值去征服

年，美國發明家富爾頓（Fulton）研製試航成功第一艘實用的蒸汽輪船「克勒蒙特號」；西元 1814 年，英國的史蒂文生（Stephenson）研製成功第一輛實用的蒸汽機車——火車頭，西元 1825 年又改進完善、研製試車成功「旅行號」；現代大型蒸汽機車的功率可達到數千馬力。無論是從技術原理上看，還是從工業革命的具體歷史看，或者從它們在生產實踐和科學實驗中的實際作用看，稱瓦特的蒸汽機為工業革命的代表、象徵、關鍵、核心技術都毫不為過。[1]

從 19 世紀中葉到 20 世紀中葉，人類見證了第二次工業革命。在這段時期，科學開始大大的影響工業，大量生產的技術得到了改善和應用。

從人類社會最早的時代起，就有機器被發明出來，比如輪子、帆船、風車和水車。但是，這些發明幾乎和科學家、理論研究者沒什麼關係。大多是由經驗豐富的能工巧匠在日常工作中逐步摸索、點滴累積所開發出來的。學者們的工作主要還是測算地球繞太陽飛行一周究竟需要多少天，或者用三稜鏡來分解太陽光，或者用死青蛙的大腿來產生電流。整體來說，還是局限在純理論領域，看起來都是些奇技淫巧、花架子，沒什麼實際用途。那時候，要說什麼把技術成果產業化的概念，那可是讓人不理解的；要是有人竟然提出把科學知識用於經濟和產業的發展，那可是會讓人笑掉大牙的。

不過，在第二次工業革命中，這種情況發生了極大的改變。人們對「做出發明的方法」進行了研究，並逐漸建立了體系。機械設計和製造的進步不再是碰巧的、偶然的，而成為系統的、漸增的。從此，人類知道，我們將製造出越來越完善的機器，這些機器比過去的更快、更高、更強有力，我們甚至在造出這些機器之前就能算出來，這些機器比起老

1　張箭·論蒸汽機在工業革命中的地位——兼與水力機比較 [J]·上海交通大學學報（哲學社會科學版），2008, 16(3):56-63.

傢伙來說，究竟能快多少、高多少、強多少。這可是前所未有的。

　　從西元 1870 年以後，幾乎所有工業領域都受到了科學的影響，例如冶金術、通訊聯絡、石油化工、地質勘探、機械生產等；甚至在農業領域，無機肥料的生產也得益於科學和大量生產的方法。其中，最為傑出的、最有代表性的例子，莫過於亨利‧福特（Henry Ford）所開創的「流水線」生產方式了（在第一章第二節有詳細敘述）。

　　實際上，隨著產業革新的進行，人類社會乃至地球世界的各個方面都受到了影響：生產的組織形式發生了改變，使用機器為主的、有固定層級和良好規範以及嚴密組織形式的工廠取代了手工工廠；生產力得到迅猛提高，物質生活極大豐富；得益於此，地球上的人口數量也以前所未有的速度增加；城市化成為趨勢，人口以歷史上從未有過的大規模從農村向城市遷移；人們的生活節奏加快，鄉村的家族血緣關係逐漸被城市的社會人際所取代；階級分化，無產階級登上歷史舞臺；人對自身力量產生了前所未有的自信，相信「人定勝天」；然而同時也出現了貧富分化、住房擁擠、環境汙染、動物滅絕……

第二節　第三次浪潮

　　1946 年 2 月 14 日，由美國軍方訂製的世界上第一臺電腦「電子數值積分電腦」（Electronic Numerical And Calculator，ENIAC）在美國賓州大學問世。為了滿足計算彈道的需求，這臺電腦使用了 17,840 支真空管，大小為 80 英呎 ×8 英呎，重達 28 噸，功耗為 170kW，其運算速度為每秒 5,000 次的加法運算，造價約為 48.7 萬美元。這麼一個看上去笨重不堪的大傢伙的問世卻具有劃時代的意義，人類社會進入了電腦時代。在以後的 60 多年裡，電腦技術、網際網路技術、資訊技術的驚人發展，引領了托佛勒所說的「第三次浪潮」。

　　1990 年代後期，在資訊技術高速發展和政府相關政策激勵下，美國那斯達克市場掀起了一場網路產業引領的投資熱潮。在 1995 ～ 1999 年，美國總計有包括亞馬遜、Yahoo 在內的 1,908 家公司上市，1999 年新上市公司有 78％來自科技領域，共有 289 家與 IPO 相連，籌集資金 246.6 億美元。在 1991 ～ 2000 年，美國政府將資訊技術產業的發展提升到國家策略高度，資訊技術產業占美國 GDP 比重從 1990 年的 6.1％上升至 2000 年的 9.5％。

　　如今，美國網路產業領域的企業數量繁多，既有全球知名、行業地位高、技術力量雄厚的網際網路大企業，包括蘋果、Google、臉書、推特；也有為網際網路提供各類基礎技術服務的大企業，如 IBM、微軟；還有眾多依託網際網路進行創新的新興商業模式企業，如交通共享領域的 Uber、房屋共享領域的 Airbnb、市值高居全球第一的 B2C 零售商亞馬遜、網路金融領域的借貸俱樂部、視覺社交網站 Pinterest、全球知名的網路旅遊公司智遊網、線上職場服務公司 LinkedIn，等等。

　　在中國，則有阿里巴巴、騰訊、百度、京東、滴滴、優酷土豆、淘寶、華為、小米等。依託龐大的人口基數這一任何人都不能忽視的市場

規模，中國在網際網路、資訊化社會建構方面已經獲得了長足的進步。儘管美國在治理機制、底層技術、內涵式發展方面具有強大的優勢，但是中國在應用、融合、規模擴張、商業模式創新等方面也展示出了雄厚的實力。

如果說在普通意義上的「網際網路」領域，中國企業能夠運用對中國市場的深刻理解，用花樣百出的商業模式創新來提供多種多樣的針對個人使用者的服務（也就是 2C 端）；那麼在雲端運算、大數據、物聯網、智慧製造、能源網路等更多面向組織和企業的領域（2B 端），中國企業還有很長的路要走。在這方面，德國作為製造業的傳統強國，美國作為網路經濟的引領者，有許多值得中國產業界學習和借鑑的地方。

德國工業 4.0 強調生產製造過程本身的智慧改造。例如，德國的西門子分別在德國、美國和中國建成了示範性數位工廠，這些示範工廠以高水準的數位化、自動化與智慧化著稱，被視為邁向工業 4.0 的基礎。

2012 年，美國的奇異公司提出工業網際網路的概念。從那以後，資訊物理系統（Cyber-Physical System）、時間敏感網路（Time Sensitive Networking）、邊緣運算等新一代網路技術引起全球普遍關注。工業網際網路更強調生產製造的效率目標。奇異（GE）從 2012 年開始投建一個用於生產先進鈉鎳電池的工業網際網路試驗工廠，在整個 16,000 多平方公尺的廠區內安裝了 10,000 多個連接內部高速乙太網路的各種感測器（Fitzgerald，2013）[1]。這個工廠是以資料收集、分析、處理，進而改善流程、提高效率著稱。

美國的 Alphabet 公司在人工智慧方面投入了大量的資金，在自動翻譯、機器推理等諸多方面處於業界領導者地位。美國還強調人工智慧的實際應用，在機器人領域有其專業優勢，例如 Google 還專注於研發

1　Fitzgerald, M. An Internet for Manufacturing. 2013-01-28/2015-01-26.

醫療、輔助、仿人、工業、機械手、移動機器人。物流領域的菲契機器人、洛克斯機器人、艾曼機器人在物流智慧化方面有其獨到之處。亞馬遜公司將機器人在物流領域的應用推到了極致。截至 2016 年 8 月，美國的工業網際網路的應用案例就已經達到 40 個。[1]

在美國，資訊及通訊企業依託雲端運算、大數據、物聯網、人工智慧等技術優勢，不斷增強對工業企業的服務能力，拓展線上線下融合的網路新空間。IBM Bluemix、思科的 Jasper 和 PTC Thing-worx 等平臺不斷向工業領域拓展，為工業網際網路提供通用的連接、運算、儲存能力。微軟將工業領域作為 Azure 雲端平臺拓展的重要新領域，傳統領域成為其「雲端優先」策略的重要方向。GE 的 Predix 和西門子的 MindSphere 相繼部署於 Azure，得到了微軟在雲端服務基礎設施、人工智慧、資料視覺化等方面的支撐。[2]

電子資訊及通訊產業的發展，只是第三次浪潮的眾多壯闊的波瀾中的一個。多樣的可再生能源、新材料、航空航太、海洋產業、人工智慧、遺傳工程和生命科學……第三次浪潮對人類社會的各個方面產生的衝擊不可估量。

就在不遠的未來，我們可能坐在由最新的奈米技術製作的防火、隔熱材料所搭建的冬暖夏涼的屋子裡，由太陽能發電系統供給所需要的電力，用各種感測器監控著房屋內外的各個角落。我們可以用平板電腦、手機等終端設備上網工作，了解工廠的生產進度並處理一些問題，或者來一段 3D 遊戲，或是看一部全像影片，或者與家庭機器人玩個遊戲。我們的餐桌上擺著用基因工程生產的蘋果、鮭魚、黃瓜、番茄和白米飯。孩子的課程包括了與太空中的太空人朋友進行「太空課堂」的學習和即時互動，也有和深海潛航員交流馬里亞納海溝裡奇妙的生物種群。

1　李麗，李勇堅．美國在互聯網產業的布局與政策趨勢 [J]．全球化，2017, (7):67-78.
2　王欣怡．美國工業互聯網發展的新進展和新啟示 [J]．電信網技術，2017, (11):37-39.

出門，我們可以乘坐自動駕駛汽車，完全不用擔心自己的駕駛執照已經過期；當然，我們也可以選擇駕駛單人飛行器，這項技術已經完全成熟，沒有任何安全問題，也不會引起空中交通堵塞，因為空中交通路線規畫也已經完全成熟，一切都井井有條……所有這一切之所以成為可能，都要拜第三次浪潮所賜。這不僅僅是技術的成功，更是技術成果產業化所獲得的突飛猛進的進展。創新已經走入了千家萬戶，為人類的生產生活帶來了實實在在的改變。

第三節　中國產業創新的七宗罪

自從1978年12月中國開始改革開放以來，中國的產業界突飛猛進，獲得了長足的發展。建立在堅實的產業增長的基礎上，中國的 GDP 年成長率達到了 9.6%。這幾乎是令人匪夷所思的數字。很快，中國人的腰包就鼓了起來，裡面裝滿了購買力比過去更強的人民幣，甚至現在的很多中國人都已經很少使用紙幣，取而代之的是智慧型手機上的支付寶、微信錢包和各種令人眼花繚亂的 QR Code。中國遊客的購買力之強、消費意願之旺盛，令曾經高高在上的西方世界瞠目結舌。甚至，中國人已經不滿足於購買產品，而是漸漸的把目光投向了具有投資價值的西方企業，例如富豪（Volvo）等。這已經引起了已開發國家的不安甚至恐慌。一份德國經濟部的內部文件顯示，德國經濟部長希望「更好的保護德國公司免受中國投資者的影響」，要求將中國企業收購德國公司股權的審查線，從之前的 25% 降低到 20%、15% 甚至 10%，以限制中國企業購買德國企業股份。

然而，中國產業界真的就已經強大了嗎？中國的創新水準真的已經很高了嗎？事實上，在創新領域，中國的產業界還有著令西方產業界不齒的七宗罪。

一、模仿為主，原創為輔

中國的「山寨」手機曾經是手機市場上的攪局者。在 21 世紀的前十年裡，使用臺灣聯發科的 MTK 晶片的「山寨」手機把 Nokia、摩托羅拉、Sony 等手機龍頭們攪得頭疼不已。

「山寨」手機往往能夠實現多重功能，手寫，鈴聲聲音超大，電池如標示。手機包裝盒上什麼都敢印，除了自己的真實廠址。這些手機功能極其豐富，價格極其低廉，外觀極其新穎，品質極其不可靠。「山

寨」手機之中出現了不少獨步世界的外觀創新、工藝創新，很多奇怪的技術和設計被組合在一起，這些組合可能是侵權的，卻實現了比正牌手機豐富得多的、五花八門的功能。

「山寨」手機廠商大多逃避政府管理，它們不繳納增值稅、銷售稅，不用花錢研發產品，又沒有廣告、促銷等費用，所以價格僅是品牌手機的三分之一。隨著手機牌照的取消，絕大部分山寨手機「改邪歸正」，開始走合法化道路，其中包括了金立、天語等手機品牌。於是，拼裝這些手機的廠商擺脫了地下加工廠的地位，成功「上岸」，踏入了中國國產手機的正規軍行列。

「山寨」手機的市場空間在哪裡？在中國的中小型城市和農村市場上，消費者往往更加注重手機的價格低廉、功能多樣性、外觀新穎性（或者模仿某個大品牌的外觀），對品牌、通話品質等方面的訴求相對較低。正是因為如此，外資品牌往往覺得在農村市場「賺不到錢」，因而重視程度遠遠不夠。於是，「山寨」手機往往採用「農村包圍城市」的市場策略，這既可以有效避開與 Nokia、三星、摩托羅拉等國際品牌之間的直接競爭，也可以利用功能強大、價格低廉等優勢對抗國產大品牌。以在校學生、農民、工人為代表的低收入人群比較容易接納「山寨」手機。

然而，強勁的市場表現並不能抹去「山寨」手機的原罪——對中外正品手機的模仿和改造，基本上是沒有得到許可的，因而是侵權的、違法的。在中國已經全方位加入國際經濟貿易體系的今天，這樣的做法越來越遭到國際產業界、智慧財產權界的詬病。事實上，要求中國政府嚴打「山寨」手機、保護智慧財產權的呼聲從來就沒有停止過。「山寨」手機損害的不僅是跨國公司的利益，也有中國本土正規手機廠商的利益。試想，當真正的創新者把自己引以為豪的傑作呈現在世人面前，卻發現在眨眼間就冒出了數以百計的未經許可的仿造者、抄襲者，這樣的

市場環境怎麼能激勵創新者們真正平心靜氣、心無旁騖的從事原創的、突破性的創新？

二、關注漸進，輕視突破

　　海爾的小小神童洗衣機是中國企業的一個經常被提及的案例。在1996年的時候，海爾公司意識到了每年夏天都是傳統洗衣機的銷售淡季，而主要原因是市場上缺少小容量、高使用頻率、及時洗、易搬運、省水省電的洗衣機品種。透過對市場的深入調查研究，海爾明白這是洗衣機市場的一個缺口，是一個很有發展潛力的潛在市場。於是，海爾抽調了一批研究人員，投入人民幣千萬元開發費用，開始了迷你型洗衣機的的研製開發。在4個月以後的1996年10月，「小小神童」問世。這是第一臺開創洗衣機新風尚的迷你型即時洗衣機。

　　然而，從本質上來講，小小神童洗衣機並沒有實現技術突破，僅僅是將現有的洗衣機進行了小型化，其技術創新是漸進式的。海爾的成功之處在於準確的抓住了中國消費者的需求，也就是後來膾炙人口的「只有淡季的思想，沒有淡季的市場」。只要開發出淡季可銷售的產品，就可以創造出一個沒有淡季的市場。其創新思路仍然是市場拉動型，而非技術推動型。

　　這在中國的產業界創新中相當普遍。大多數中國國內的產業創新，不管口號如何震天響，概念如何特殊，其實質仍然是漸進式創新。例如當下紅極一時的智慧型汽車，在很多企業那裡就變成了「汽車＋網際網路」——只要在汽車身上裝兩個攝影鏡頭，再加個無線上網，就算是了。用這樣的概念，就足以到地方政府那裡拿到各類優惠政策——土地、資金、稅收減免……這樣的創新，充其量只能算是漸進式的，而在使用者那裡，則根本得不到認可。

　　今天的使用者認可的創新是突破式的，例如充電一次續航里程達到

400 多公里的特斯拉（Tesla）純電動汽車，或者優步（Uber）的無人駕駛汽車，或者德國 BMW 汽車的無人工廠裡那些忙忙碌碌的機器人。然而，能夠把創新做到這樣的水準，意味著數以億計美元的投入，外加十多年甚至數十年的冷板凳。有這樣的願景和情懷，有這樣的堅韌與執行力，突破式創新才有可能獲得成功。中國的產業界，有幾人願意做這樣的投入？究其原因，對成本的過分關注可能是一個至關重要的因素。

三、成本導向，忽略價值

在上海漕河涇新興技術開發區，坐落著一個神祕的單位——微軟加速器。其官方網站的簡介是這麼描述的：「微軟加速器旨在做頂尖、專業的創業服務，始終致力於為中國早期創新創業團隊提供人、財、策略、市場拓展的全方位優質服務。我們為入選的創業團隊提供 4 ～ 6 個月的位於微軟亞太研發集團大廈內部的辦公空間，並得到由意見領袖、行業專家及技術專家組成的導師團的扶植與指導；同時，每個入選團隊還將得到價值 300 萬人民幣的微軟 Azure 雲端資源。創業團隊一旦入選，所有資源均為免費提供。」

說白了，微軟加速器就是為創業企業提供各類諮詢與加值服務，以及微軟的雲端服務。不僅如此，微軟還為這些創業企業提供與風險投資公司和私募基金見面的機會、與微軟的客戶見面的機會，而這些公司、客戶都是業內頂級的。令人瞠目的是，所有這些服務全都是免費的。然而，並不是所有創業企業都能有這樣的幸運，只有那些頂級的、極具發展潛力的、未來能夠為微軟帶來極大回報的——可能是顯性的業務收入，也可能是隱形的配套業務、網路資源等——企業，才能入得了微軟的法眼。

微軟為什麼這麼做？這也稱得上是一種「情懷」。入駐加速器的創業者們，日日夜夜受到微軟文化乃至美國文化的薰陶，技術開發、商業

第五章　產業的變革：用價值去征服

營運、團隊建設、投資洽談……他們甚至組建了自己的樂隊，譜寫了自己的「創業者之歌」，並錄製了唱片，承諾將來重金購買收藏。這種現象，在中國是少之又少的。

實質上，微軟看重的不是短期市場回報，而是長期的成長潛力和企業價值。微軟做的是對於價值的長遠投資。這種價值包括對微軟主營業務的支撐、對微軟網路效應的倍增、有助於打造微軟的生態圈等等。只要有價值，就可以不計成本。當然，微軟的資金和資源實力是足以承擔這樣的投入的。

然而，同樣是資金實力雄厚的大企業，為什麼中國企業沒有做這樣的投入？

在競爭激烈、波動劇烈的中國市場，每一家企業思考的首要問題都是生存，都是降低成本、增加盈利。中國企業思考問題是成本導向的，價值也很重要，但是只能擺在第二位。不挺過今天的狂風暴雨，怎麼能奢談欣賞明日的朝陽？

這種成本導向的思考模式產生了兩個後果。一方面，在中國、印度等新興市場經濟體，湧現了大量的「樸素式創新」，例如印度 G&B Manufacturing 公司的價格 70 美元的電冰箱，塔塔公司生產的價格為 2,200 美元的汽車 Nano。在中國，這樣的樸素式創新也大行其道，包括 1992 年格蘭仕開發的低成本、高效能的小型微波爐，1996 年海爾公司推出的「小小神童」洗衣機，邁瑞公司的低價醫療產品如 ECG 設備，比亞迪透過使用便宜的原材料和升級生產方法來降低鋰電池的成本，還有曾經風靡一時的山寨手機等等。樸素式創新在環境和資源的剛性約束下，著眼於客戶需求，尤其是低收入族群的客戶需求，並承擔起相應的社會責任。樸素式創新方式有六大關鍵原則：在逆境中尋找機會、少花錢多辦事、保持簡單、靈活思考和行動、包容邊緣族群、跟隨自己的心。這種「湊合」式的創新方式，因為其包容性、靈活性和節儉性，在

低收入族群中大受歡迎。但是，我們的企業要走出國門，打入已開發國家市場，能靠這些樸素式創新嗎？從本質上講，這種解決方案是「湊合」，是「將就」，而不是「精益求精」，不是「盡善盡美」。沒有完美主義的追求，怎麼能將事情做到極致？不如此，又怎麼能樹立口碑、打造品牌？不如此，怎麼能夠讓已開發國家的高收入族群認可、接受我們的產品和服務？

成本導向思維的另外一個後果，是價格戰普遍存在於中國市場的各個角落。1989 年 8 月，彩色電視生產商長虹在中國國內把每臺彩色電視降價人民幣 50 元，從而拉開了中國彩色電視史上的價格戰的序幕。從那時起，電視以及越來越多的行業逐步擺脫了計畫經濟的束縛，企業獲得了行銷的主動權；另一方面，中國國產品牌充分發揮了價格優勢，在電視、冰箱、洗衣機、空調等家用電器領域逐步占領了大量的市場占比，並且為自身的技術創新、技術變革爭取了時間和空間。然而價格戰是一把雙刃劍，它在為中國企業爭取市場的同時，也大大的壓縮了企業的盈利空間，這就為企業缺乏擴大再生產、缺少技術創新的資金而埋下了伏筆。

四、只管需求，不顧供給

1998 年，為了應對亞洲金融危機的影響，中國政府提出「擴大內需」的舉措。中國在教育、醫療、住房等方面進行了全面的市場化改革。到 2000 年，中國已經擺脫了亞洲金融危機的影響，「擴大內需」也不再只著眼於當前的困難，而是逐漸被當作一項長遠的發展策略，在 2008 年、2015 年、2018 年多次被提及。

中國企業對政策是高度敏感的。2000 年以後，大量的中國企業乘著「擴大內需」的東風，開始了大規模擴張。然而，這種擴張主要表現在市場開拓方式的變化、行銷模式的出新出奇、概念的炒作、廣告的鋪天

第五章　產業的變革：用價值去征服

蓋地等。

　　創新，只發生在需求端。企業瘋狂的擴大生產規模，力求占領更大的市場占比，攫取更多的利潤。然而創新並沒有展現在供給端，產品的多樣化程度並沒有加強，技術水準並沒有實質性或者革命性的提高。甚至於產品的品質得不到保證，產品的安全性、資訊的真實性也出現了嚴重問題。於是暴露出了各種事件，例如三鹿奶粉的三聚氰胺事件，淘寶的「秒殺事件」，康師傅的「水源事件」等等。

　　作為其中的典型，百度的「競價排名」模式廣受詬病。終於有一天，「勒索行銷」事件把這一模式暴露在公眾面前。百度競價排名機制存在付費競價權重過高、商業推廣標示不清等問題，影響了搜尋結果的公正性和客觀性，容易誤導網友。從根本上講，這種人工干預資訊搜尋結果、用收費來決定資訊排名的方法違背了商業道德。在 2016 年的「魏則西事件」之後，百度被輿論推上了風口浪尖。「競價排名」這種「創新」也飽受公眾批評。百度沒有盡力發展技術創新，沒有從供給端提升自己的資訊搜尋品質，沒有投身於人工智慧、無人駕駛汽車等領域的基礎研究與商業化應用，而是一心想著在需求端怎麼從網路資訊搜尋業務中賺取每一分錢，這是百度的墮落，也是中國的「需求側改革」的不理想表現。

　　作為 BAT 的另外一個龍頭，阿里巴巴集團把電子商務做到了極致。在網路金融工具「支付寶」的支撐下，阿里巴巴集團大力發展了 B2C 和 B2B 業務，使中國進入了全民電商的時代。這在很大程度上刺激了消費，帶動了內需，推動了 GDP 三駕馬車之一的消費成長。但是，在供給端，這並沒有對企業的生產製造產生重大的影響。企業考慮的只是如何擴大生產規模，如何運用降價、促銷活動、管道拓展等辦法去攫取更多的市場占比，而並不是推出突破性的創新產品。

　　騰訊也未能倖免。微信作為一個即時聊天軟體（instant messenger）

的當仁不讓的排頭兵，並沒有能夠整合騰訊的力量、並在此基礎上推出具有劃時代意義的技術創新成果，並沒有讓人看到在人工智慧、大數據、雲端運算等方面獲得突破性進展。相反，大家看到的是微信紅包在朋友圈大行其道，微商搞得朋友圈一片狼藉。

不在供給側創造更多的創新土壤，只是為了提升 GDP 而鼓勵刺激消費，這不過是揚湯止沸罷了。這樣的環境，反而會把那些原本致力於原始創新、根本性創新的企業逼上梁山，使得他們不得不放棄夢想，隨波逐流，混同於那些追逐市場的蠅頭小利的投機者當中。

五、「微創」走紅，不敢變革

這是一個變化多端的年代。黑天鵝事件層出不窮。市場瞬息萬變，局勢撲朔迷離。誰也不知道明天會發生什麼，就算今天的明星也不敢確定明天是否還能站在舞臺的中央接受眾人的喝采和膜拜。

這是一個講究風險控制的年代。大家都謹小慎微，小心的控制著各種現實的和潛在的風險——技術的、市場的、管理的、財務的……「經濟人」的風險厭惡偏好在今天似乎變得前所未有的明顯。

因此，今天我們看到的所謂的創新，更多的是像海爾的「微創新」，或者說「平臺創新」。人單合一、小微創業、HOPE 平臺、創業生態……在這些美妙的詞語背後，其實都隱藏著一個關鍵的邏輯——風險最小化。只有小微創業，才能使整個海爾這個大集團不會被鎖死在某一個方向上，從而保持其策略靈活性。一個項目失敗了，海爾只不過損失很少的投入。十個項目失敗了，投入損失仍然是可控的。就算 90% 的項目失敗了，只要剩下的那 10% 成功，海爾就包賺不賠。從頭到尾，都散發著「不把雞蛋放在一個籃子裡」的氣味。海爾已經搖身一變，成了一個徹頭徹尾的風險投資公司，而不再是承擔著中國家電行業發展責任的企業。在亮麗光鮮的廣告宣傳、媒體公關口號的粉飾之下，海爾用謹

小慎微的投資者的邏輯，掩飾著對自身發展的策略方向的毫無把握、軟弱無力。海爾做的並不是變革，甚至談不上是創新，因為這種模式已經背離了產業經營的本意。用這種投資邏輯來經營一個規模龐大的產業，海爾的怯懦抹殺了真正的創新思考的原則——尋找問題，提供方案，持之以恆，基業長青。

海爾的做法，在今天其實具有相當的代表性。企業的整體規模並不總是意味著優勢，反而往往意味著策略柔性的喪失。因此，大企業往往想盡辦法來抵消這種策略剛性。「微創新」不失為一個萬全之策，並且，還能用「創新」之名賺得不少眼球，提升企業的知名度和美譽度，何樂而不為？

然而，從產業整體來講，長此以往，變革精神將逐漸從中國企業中淡出。大家滿足於小打小鬧，變革的勇氣逐漸喪失。變革精神的缺失，將成為中國企業引領世界產業潮流的最大障礙。畢竟，當臉書（Facebook）、特斯拉（Tesla）、庫卡（Kuka）、優步（Uber）等引領技術變革，並在此基礎上引領市場趨勢的時候，我們只能靠模仿、學習和再創新來求得生存空間，而這種模式意味著我們永遠是排名老二。

六、強調模式，不屑技術

今天，一個賣燒餅的故事廣為流傳，故事的重點不是燒餅的品質、口味，而是運用加盟模式爆紅全中國。另外一個做早餐的故事，故事的重點不是早餐的樣式多麼豐富，而是主角租場地，然後做起了連鎖。

這些故事反映了今天的中國產業界的現實。如果你不談「商業模式」，你都不好意思跟人說你是做企業的。很多企業首先考慮的是商業模式問題，而不是產品品質的高低、技術水準的突破性、解決方案的合理性。

一個典型的例子就是網路產業。在這裡，百度、阿里巴巴、騰訊、

京東這樣的大公司談論的是建構「商業生態」，創業企業談論的則是如何早點吸引大公司的注意，從而融入其生態圈。只要能夠在商業圈中找到一個立足點，那麼吸引風投、逐步做大、融入私募、最終被策略收購或者 IPO 都是順理成章的事。在這張大網中，技術已經不是人們關注的焦點，似乎技術問題都已經被解決了。

技術問題真的被解決了嗎？正當我們津津樂道於餓了麼、滴滴、摩拜、大眾點評，甚至和低級趣味脫不了干係的抖音的時候，外國企業正在技術方面大力投入，建構起越來越高、越來越厚、越來越難以被我們踰越的壁壘。IBM 在人工智慧領域獲得的突破已經令人瞠目結舌，「深藍」、「更深的藍」、「AlphaGo」已經一而再再而三的把人類智慧踩在腳下；德國的 Kuka 機器人在 BMW 汽車的無人工廠裡恣意揮灑著它們的長臂卻沒有半滴汗水；SpaceX 已經實現了運載火箭的成功回收。每一項技術進步，都意味著中國企業與它們之間的差距越來越大。

中國太大了，中國的市場太大了，中國的消費潛力太大了。中國有13 億人。所以，中國的企業還是把主要的關注投向了中國國內市場。在這個市場上，講行銷，講文化，講滿足客戶需求，所以歸根結底還是靠需求來拉動的思維。然而，當我們把視線投到全球市場，尤其是已開發國家市場的時候，我們發現，所謂的管道建設、文化契合、需求響應，在西方消費者那苛刻的產品品質評價標準和先進的產品功能需求面前顯得那麼綿軟無力。

事實上，過去十幾年來我們所謂的「網路創新」，大都是在「商業模式」上的一種模仿，與科學創新、技術創新無關，比如被炒得火熱的電商、外賣、網約車等。但是，中國國內大部分輿論都被這些強勢企業所主導，於是，稱之為「新發明」，或者高科技企業等等。

對於「盈利模式創新」，華為的高層就明確表態：首先，「商業模式只解決方向問題，並不是護城河，是低層次創新」；其次，「長遠策略

／真正創新來自核心技術投入和基礎研究，頂尖網路公司都是一流技術公司」；第三，「中國網路龍頭為何睡不好覺？大多都是模式創新，技術創新少，策略靠賭，新業務靠誰更早抄／誰更拚／誰有錢燒」。

當前的中國不需要獨角獸這樣的概念。中國現在急需培養的是以技術累積與創新為主的中小企業，注重短期收益的商業模式創新不應該被過度誇大為創新方向。商業模式的創新與競爭在中國基本上都是以「價格」為核心，而價格戰只會讓中國製造永遠處於微笑曲線的底端，無法實現向高端的脫胎換骨的轉變。

七、「網＋」為主，製造為輔

今天的中國人，生活在網際網路的包圍中。早上起床做的第一件事情是打開微信看看朋友圈有什麼更新；吃完早飯用滴滴出行叫個計程車或者用摩拜掃個單車去上班；上班時趁老闆不注意，用支付寶在淘寶或者京東買幾個小玩意，順帶著看看自己在各個銀行、基金的理財產品的組合是不是需要更新一下；到了中午，用餓了麼或者美團替自己點一份外賣，一邊吃飯一邊繼續滑微信朋友圈；送快遞用順豐；下午下班之後回到家，吃完晚飯，在騰訊影片、優酷土豆追一部韓劇或者日劇；幫孩子做作業，要在網路上完成；出門用高德地圖導航；到商場購物，記不住停車位了就要用找車軟體，停車付費也要掃 QR Code；出差用攜程訂機票和旅館；如果是出門旅遊的話，就用驢媽媽確定目的地；而在這所有的過程中，我們一直用微信和朋友聊天……

我們生活在「互聯網＋」的時代，網路無孔不入，已經滲透到我們生活中的每一個角落。資訊化工具的應用，極大的方便了我們的生活。各個行業都在想著怎麼用網際網路來更好的貼近消費者，怎麼把消費者從早晨睜開眼睛起到晚上閉上眼睛為止的每一分每一秒的需求都挖個徹底，怎麼把消費者的「痛點」找出來並提供一種服務模式，並且因此而

從中賺到錢。甚至於，也不用急著賺到錢，只要是有「互聯網＋」這個概念，先燒錢燒個兩、三年也是可以的，只要把消費者數量累積起來，在風險投資公司那裡能把故事說得動聽完整，那就不愁找不到投資，然後只要準備上市或者被大公司收編好了。

「學校食堂APP」是其中的典型，其想法是讓學生在上課期間可以點餐，下課之後就可以取餐；或者在宿舍點餐，食堂直接快遞到宿舍。這兩種思路都是有問題的：首先，作為學校，教學秩序是最重要的制度，如果允許學生在上課期間使用食堂APP點餐，這無異於是對學生上課時間用手機的變相鼓勵；其次，學生還是年輕人，應當充滿活力，樂於運動，怎麼能安於一天到晚在宿舍過上「飯來張口」的日子？更不要說這樣的學生大多數並不是因為廢寢忘食的學習，而是因為沉溺於電子遊戲、網路影片了。

在市場經濟的框架內，貼近消費者的思考方式本身無可厚非。問題是現在幾乎沒有人去思考原創性的技術，沒有人從生產製造的角度來思考如何提供品質更好、技術水準更高的東西。就好像在兩千年前，人們覺得在竹簡或者羊皮上寫字很不方便，但是大家提供的解決方案是「把羊皮和竹簡捆綁在一起，把最重要的事情寫在羊皮上，把不重要的事情寫在竹簡上」，而不是像蔡倫那樣，用新的工藝技術發明了可大規模生產的紙；或者，在戰爭中因為攻城拔寨承受了高昂的人員傷亡，而提供的解決方案是「用更多的箭，更多的雲梯，更多的夜間偷襲，更多的間諜和內奸策應」，而並不是發明威力強大足以摧毀堅固城牆的火藥和火炮。如果是這樣，恐怕我們今天還停留在蒙昧時代。

從全球來看，真正有競爭力的產品一定是技術領先的硬體產品，很難想像一項產品的技術落後還能賣得很好，即使有，也是小機率事件。

這幾年，中國的網路企業向國民灌輸了一個極其危險的觀念：技術領先不重要，重要的是使用者經驗要好。這就將技術創新放在了和使用

者經驗對立的位置上。事實上，二者是相輔相成的關係，技術是實現使用者經驗的保障，沒有技術何來使用者經驗好的產品？缺乏技術支撐，用「互聯網＋」來強調使用者經驗，必定是小打小鬧、修修補補式改進，永遠不可能誕生偉大的產品。

第四節　產業創新的兩大困境

一、盈利是不是成為創新的第一目標？

在今天的創新中，很多人都會把實現商業價值作為一個重要目標——如果不是終極目標的話。那麼，盈利是不是成為創新的第一目標？

對於成功的創新者來說，財富已經遠超物質生活所需，對他們的意義或許只是一串數字。富豪們對於財富管理的選擇也不盡相同。一些人會選擇投入新的事業中，以求繼續創造財富；另外一些會進行金融投資，坐享收益；還有一些人選擇從事公益事業，捐獻出自己大部分的財富。許多商業創新的領導者，在獲得了成功、賺取了大量利潤之後，並沒有將這些利潤據為己有。相反，他們認為回報社會是非常重要的。這一趨勢如今正在蔓延，有越來越多的人加入這一行列。

根據《富比士》和《慈善紀事報》公布的統計資料，美國名富豪慈善捐款名列首位的是「股神」華倫 · 巴菲特（Warren Buffett）。巴菲特將 28 億美元的公司股票捐給「比爾和梅琳達 · 蓋茲基金會（Bill & Melinda Gates Foundation）」，巴菲特慈善捐款總額達到227 億美元，占其財富的 37％。巴菲特在 76 歲時，決定捐出其財富的 85％，約合 375 億美元。投資大師索羅斯（George Soros）慈善捐款累計總額達到 114 億美元，占其財富的 47％。[1]

作為其中的典型，從1994 年開始，「比爾和梅琳達 · 蓋茲基金會」已經捐出了價值 350 億美元的股票和現金。據統計，蓋茲一共捐了 7 億股微軟的股票。1996 年，比爾蓋茲（Bill Gates）在微軟的持股是 24％，而 2018 年只有1.3％。2010 年，他又和巴菲特一起創立了「捐贈誓言」，隨後有將近 168 位企業家陸續加入，並承諾將他們一生中的主要財產都

1　扎克伯格「們」套現捐款是「真慈善」還是「真避稅」？2017-09-27/2018-07-29.

捐獻給這個慈善基金會。

在 2015 年女兒出生後，Facebook 的創始人馬克‧祖克柏（Mark Zuckerberg）和夫人成立了慈善項目「陳－祖克柏行動」，並承諾將在一生中捐出所持 Facebook 股份的 99%，用於慈善，價值 450 億美元。在給女兒的公開信中，他們寫道：「Max，我們如此愛妳，而感受到重大的責任要為妳和所有孩子創造一個美好的世界。我們希望為妳帶來同樣的愛、希望和歡樂，就像妳帶給我們的一樣。我們非常期待看到妳將會為世界帶來什麼改變。」他們愛孩子的目的，是「為下一代的孩子發掘人類潛能，創造平等」。

有人批評道，富豪們這種捐款到自己基金會以及承諾捐身價的行為是以慈善捐款的方式規避稅費。資料顯示，蓋茲基金在以 268 億美元資本獲得高達 39 億美元的投資報酬，利潤率高達 15% 左右，這比許多以盈利為目的的企業利潤率還要高。而按照法律要求，蓋茲基金會每年只要將總資產的 5% 用於慈善、捐贈，就可以避免支付更多稅收，另外 95% 的資產則被用於投資。並且，如果全部遺產直接留給子女，那麼可能要繳納超過 50% 的稅。

然而，姑且撇開遺產、捐贈、投資這方面的技術細節不論，不管怎麼說，慈善就是慈善，不論其動機如何。美國有一整套完善的法律在支持其慈善系統。「避稅」只是慈善的副產物。正是由於法律體系的支持，美國的創新者們拿出一大筆資金，投入慈善事業，不論是主動還是被動。「做慈善」早已成為美國主流文化的基因組成。做一點慈善，還能少交一點稅，何樂而不為？在客觀上，富豪們捐款的的確確為宗教、教育、社會服務這些領域提供了大量的資金。祖克柏對於「讓女兒長大後的世界變得更美好」這一想法，是抱著強烈願望去打算實現的。他的確把慈善事業的重心放在個性化學習、疾病治療、網際網路連接，以及社群的發展上。類似的事情也發生在蓋茲基金會上。

　　相比之下，在中國，在 2014 年財富排名前 100 位的企業家中，只有 26 位有明確的年度捐贈數額，有 74 位富豪企業家未有捐贈行為。[1] 事實上，中國的創新者關注更多的問題是純粹的盈利、攫取市場占比或者擊敗競爭對手。在獲得豐厚的回報之後，如何回饋社會，是一個很不受歡迎的話題。希望工程、消除貧困、進行疾病研究，這些問題似乎從來沒有進入過中國的創新者的思考領域。而這樣的創新，往往被利益的驅使而走上了歧途。

　　唯利是圖會使創新誤入歧途。這樣的命題並不是空洞的。在全民電商的時代，在淘寶上購物已經是每個人的日常生活的一部分。但是誰沒有過在淘寶上買到假冒偽劣產品的經歷？面對批評，淘寶又拿出了多少誠意和真金白銀來進行整改？滴滴打車在獲得近乎壟斷的市場力量的時候，並沒有真正為消費者考慮多少，而是幾乎毫不遲疑的加大了抽成的力度，使計程車司機怨聲載道。在「餓了麼」這樣的外賣平臺，大量的餐飲小店是證照不全、註冊地與經營地脫離的，甚至有許多「黑店」，以至於食品安全問題頻頻發生。盛極一時的「共享單車」，到最後被證明許多玩家不過是打著「共享」的招牌，做著「挪用押金」的勾當，其實質是非法或變相「吸收大眾存款」，玩的是金融的套路。

　　創新者需要深入的思考慈善、社會責任、可持續發展乃至信任這些概念的含義。缺乏社會責任感的創新是不可持續的，因為終究會耗盡社會對其的信任。唯利是圖的創新是不可持續的，因為僅為一己私利而損害大眾福祉的行為終將被社會所拋棄。

1　《企業公益藍皮書（2015）》.

二、創新與資訊、資料、個人隱私的安全性是否相悖？

　　我們處在「大數據」的時代。上網聊天、購物、資訊瀏覽等行為都會產生大量的資料。很多創新的確是建立在大數據的基礎上的，比如人工智慧，比如新的商業模式。然而，另一方面，我們的一舉一動似乎都被「記錄在案」，這就引起了人們的擔憂。這種擔憂可以分為兩個方面。第一，在技術層面，這些資料是否有可能被濫用？第二，在事實上，這些資料是否已經被濫用了？

　　大數據具有「規模大」（Volume）、「資料處理快」（Velocity）、「資料類型多」（Variety）和「價值大」（Value）的「4V」特徵。在大數據時代，每個人每天都會在網路空間上留下大量的資料。近幾年，有關資訊、資料、隱私的問題越來越多的受到人們關注。然而，這些與個人有關的資料是不是屬於個人隱私，還存在爭論。

　　在有的人眼中，個人資訊指的是可以識別出這個人的資訊的組合，如肖像、聲音等。而諸如購物習慣等，只能說是與個人有關的資料，不能等同於個人資訊，更不能歸為隱私。例如，居住在上海市上大路的小麗經常在網路上購買各種連衣裙。小麗自己的長相、聲音、家庭住址、電話號碼，都是她的個人隱私。而她購買連衣裙的獨特模式（比如，總是喜歡紅白藍三色搭配的純羊毛布料的超短裙）就算不上個人隱私。「對普通的商家來說，他們想要的就是你的消費習慣，方便他們做精準行銷，他們不關心你是誰。」

　　不過，在另外一些人看來，問題就不那麼簡單。他們認為，科學研究上對「隱私」的定義是「單個使用者的某一些屬性」，只要符合這一定義都可以被看作隱私。只要能從資料中能準確推測出個體的資訊，那麼就算是隱私洩露。如果有壞人查詢了居住在上海市上大路的所有人，發現只有3個人喜歡紅白藍三色搭配的純羊毛布料的超短裙，那麼這個壞人就完全

有可能鎖定小麗的住址、電話號碼，這就對小麗的人身安全形成了威脅。

　　講到這裡，對於剛才提出的第一個問題，答案已經不言自明。已經有案例證明，如果壞人擁有足夠高的智商和足夠多的技術手段，只要壞人願意，那麼資料就有可能被利用、分析、歸納，那麼，壞人就可以把有價值的資訊—隱私—提取出來。這樣一來，隱私被竊取幾乎是不可避免的。這種可能性是完全存在的。

　　在 2006 年 8 月，為了學術研究，AOL（美國線上）公開了匿名的搜尋紀錄，其中包括 65 萬個使用者的資料。在這些資料中，使用者的姓名被替換成了一個個匿名的 ID（註冊號碼）。但是《紐約時報》透過這些搜尋紀錄，找到了 ID 匿名為 4417749 的使用者在真實世界中對應的人。ID 為 4417749 的搜尋紀錄裡有關於「60 歲的老年人」的問題、「Lilburn 地方的風景」，還有「Arnold」的搜尋字樣。透過上面幾則資料，《紐約時報》發現 Lilburn 只有 14 個人姓 Arnold，最後經過直接聯絡這 14 個人，確認了 ID 為 4417749 的是一位 62 歲名叫 Thelma Arnold 的老奶奶。最後 AOL 緊急撤下資料，發表聲明致歉，但是已經太晚了。因為隱私洩露事件，AOL 遭到了起訴，最終賠償受影響使用者的總額高達 500 萬美元。

　　同樣是 2006 年，美國最大的影視公司之一 Netflix 舉辦了一個預測算法的比賽（Netflix Prize），比賽要求在公開資料上推測使用者的電影評分。Netflix 把資料中唯一識別使用者的資訊抹去，認為這樣就能保證使用者的隱私。但是在 2007 年，來自德州大學奧斯汀分校的兩位研究人員表示，透過相連 Netflix 公開的資料和 IMDb（網路電影資料庫）網站上公開的紀錄就能夠識別出匿名使用者的身分。3 年後，在 2010 年，Netflix 因為隱私原因宣布停止這項比賽，並因此受到高額罰款，賠償金額總計 900 萬美元。[1]

1　大數據時代，用戶的隱私如何守護，2017-09-07/2018-07-30.

第五章　產業的變革：用價值去征服

既然個人隱私被竊取的可能性在技術層面是存在的，那麼我們是不是只能寄希望於在現實生活中他們還不曾發生？可惜的是，這種希望早就已經破滅了。

有人專門針對政府進行揭祕。其中最負盛名的要數 2006 年成立的「維基解密」網站。它專門公布機密「內部」文件，宣稱要揭發政府或企業的腐敗甚至是不法的內幕，追求資訊透明化。「維基解密」網站沒有公布自己的辦公地址和電話號碼，也沒有列舉該網站的主要營運者的姓名，甚至連辦公電子信箱都沒有留。外界既不知道它的總部在哪，更不知道雇員是哪些人。創始人朱利安・亞桑傑（Julian Paul Assange）說，那些上傳資料的人也都是匿名。2010 年 4 月，「維基解密」公開了 2007 年巴格達空襲時，伊拉克平民遭美國軍方殺害的影片。2010 年 7 月，「維基解密」公布了 92,000 份美軍關於阿富汗戰爭的軍事機密文件，其中最具爆炸性的消息是北約聯軍在阿富汗殺死平民的事件。之後，「維基解密」開始與另外一個著名的「洩密者」史諾登合作。

2013 年 6 月 5 日，英國《衛報》披露：美國國家安全局有一項代號為「稜鏡」（PRISM）的祕密專案，要求電信龍頭威瑞森公司必須每天上交數百萬使用者的通話紀錄。6 月 6 日，美國《華盛頓郵報》披露，過去 6 年間，美國國家安全局和聯邦調查局透過進入微軟、Google、蘋果、Yahoo 等九大網路龍頭的伺服器，監控美國公民的電子郵件、聊天紀錄、影片及照片等祕密資料。5 天之後，美國中央情報局技術助理愛德華・約瑟夫・史諾登（Edward Joseph Snowden）公開了自己的身分。之後，在 2014 年、2015 年，史諾登又多次披露美國、英國等政府的機密行動。所有這些都引起了全世界的矚目，更準確的說是舉世譁然。因為這意味著，公民的個人隱私在政府那裡已經毫無遮攔。

不僅是在政府那裡，就是在純商業領域，我們的個人資料也被當成玩具一樣捏來捏去。我們在上網的時候可以發現，網站推送給我們的資

訊越來越貼近我們內心的想法，越來越「精準」。比如，我是一個德國足球隊的狂熱追隨者，那麼我在每一次上網的時候，電腦總是向我彈出更多的關於德國足球隊的頁面。這就是所謂「大數據精準投放」的結果。之所以這樣，是因為網站已經能夠透過對我上網的歷史分析，準確的了解我的偏好，並在此基礎上「投我所好」，專門把我喜歡的內容投送給我，而不會投送給我那些我不感興趣的東西，比方說連衣裙、漢堡、太空探索什麼的。

　　不僅如此，個人資料甚至可以從一個商家手中轉移到另一個手中，這當中往往伴隨著數目不菲的金錢交易。現在，很多人每天都會接到十幾二十個電話，要麼是推薦購買附近的房子，要麼是推薦附近的兒童教育培訓課程，還有就是推薦各類理財產品。應該說，這些推薦的房子、培訓課程、理財產品在地理位置、兒童成長階段、家庭收入水準等方面都有令人驚訝的精確性。為什麼能做到這樣？那是因為我們的個人資訊已經被很多無良商家「自由流動」了。我在一個房地產商那裡買了一次房子，那麼我的很多個人資訊就被存進了那個房地產商的資料庫，而他可能一轉頭就把這些資訊賣給了一家兒童教育培訓機構或者一家銀行。事實上，在今天的市場上，只需要花幾塊錢，就能買到幾百甚至上千筆個人資訊。這些資訊既然可以流到任何出錢的商家手中，自然也就有可能流到對人圖謀不軌、對社會心存不滿的人手中。這就對公民的安全造成了威脅。

　　在今天的市場經濟中，公民的個人資訊、資料沒有得到應有的保護，很多時候沒有被妥善的處理，甚至是被輕率、隨意的處置了。更糟糕的是，這種情況往往是在「創新」的幌子下進行的。商家借創新之名，行雞鳴狗盜之實，這樣的行為是對創新的抹黑。在創新過程中，如果任何行為有可能損害公民的隱私、安全，這樣的創新是不應當繼續的。

第五節　產業創新的推動力

一、跨越文化的鴻溝

　　自從第二次浪潮以來，產業創新從來都是從技術先進、產業發達的成熟市場國家向技術後進、產業欠發達的新興市場經濟體流動。1979 年以後，中國進行改革開放，「以市場換技術」，大量的西方先進技術——汽車、冶金、材料、化工、精密機械、自動化、生物化學、資訊及通訊——湧入中國。在短短的 20 年時間裡，中國可能接受了有史以來最大規模的技術輸入。在很長時間裡，中國人都以使用外國技術為榮——穿皮爾卡登和金利來，戴雷達錶，喝可口可樂，手握 Nokia，開賓士轎車。

　　然而，時間進入 21 世紀，尤其是 21 世紀的第二個十年，事情悄悄的有了變化。越來越多的中國企業開始把眼光投向了國際市場。它們不僅僅滿足於把產品和服務銷售到發達國家，還有更大的野心——去收購已開發國家的擁有先進技術的企業。

　　2005 年 5 月，中國的電腦龍頭聯想正式完成對美國國際商業機器公司（IBM）全球 PC 業務的收購。聯想從這樁併購中獲得了三樣東西：ThinkPad 的牌子；強大的研發團隊；手持設備。2011 年 1 月，聯想與日本電氣株式會社（NEC）宣布成立合資公司，並於 2014 年 4 月完成對日本電氣株式會社 3,800 餘項專利組合的收購。2014 年 1 月，聯想以 29 億美元的價格從 Google 手中收購了摩托羅拉行動，這筆收購為聯想帶來了 2,000 個專利，同時聯想可以使用 21,000 個交叉授權的專利，解決了聯想手機進入成熟市場的專利保護問題。同年 10 月，聯想又以 21 億美元收購 IBM X86 伺服器業務。2018 年 7 月，聯想又收購了盧森堡國際銀行（BIL）89.936％股權，進軍國際金融業。

　　2010 年 8 月，中國浙江的一家名不見經傳的民營企業，吉利控股集

團，正式完成對福特汽車公司旗下富豪（Volvo）轎車公司的全部股權收購。吉利從此站上了世界汽車業角逐的舞臺。

2011 年 10 月，中國家電龍頭海爾收購日本三洋（Sanyo）的白色家電業務。2012 年 9 月，海爾收購紐西蘭國寶級家電品牌菲雪品克（Fisher & Paykel）。2016 年 6 月，海爾以 55.8 億美元收購了奇異家電公司（GEA）。

2016 年，另一個中國家電龍頭美的收購了東芝（Toshiba）的白色家電業務。2017 年 1 月，美的開出溢價 30％的要約收購條件，最終持有了全球工業機器人的領軍公司、被視為德國工業 4.0 的核心企業之一的德國庫卡集團（Kuka）已發行股本的 94.55％。

2016 年，另一家中國的電視生產廠商創維以 2,500 萬美元收購了東芝的印尼工廠。海信則以 2,370 萬美元收購夏普（Sharp）的墨西哥工廠。

這種「逆勢而為」的收購，被冠以「逆向跨國併購」的名稱。雖然聽起來很鼓舞士氣，然而實際上需要解決的問題很多，其中至關重要的一個就是：如何實現對先進技術的順利吸收？如果關係處理不好，被併購方不予配合甚至強烈抵制，那麼何談學習對方的先進技術？在這些如火如荼的海外併購中，中國產業界展現出一種與眾不同的思考方式和文化理念。

海爾的多起海外收購，沒有派出一個自己的高階管理人員，全部用原本企業的高階管理者在管理。在 GEA 併購案中，為實現產生 1 ＋ 1 ＞ 2 的協同效應，海爾本著兩個主導原則：一是承接引領的市場目標，首先在北美市場進一步發揮 GEA 品牌資產價值，提升其品牌活力；二是最大限度保證 GEA 優秀團隊繼續發揮自身創造力。由此，GEA 總部仍保留在美國肯塔基州路易維爾，海爾也尊重和信任對方富有才幹的管理團隊，使企業在現有高階管理團隊引領下推展日常工作，獨立營運。海爾

高階管理者團隊、GEA高階管理者及兩位獨立董事共同組成董事會，共同協同未來的策略方向和業務營運。[1]

　　美的董事長說：「我們十分欣賞庫卡的管理層和員工，並持續採用庫卡的設備和系統，且一直與庫卡保持有建設性的溝通。我們將致力投資於庫卡的員工、品牌、智慧財產權以及設施，以進一步推動企業的未來發展。我們有意將在庫卡的持股比例增加至30%以上，並沒有要訂立控制協議或退市的意願。」[2]

　　中國的產業界在用一種創新的思維來進行企業併購，用中國的俗話說就是用「入鄉隨俗」的理念。中國的企業家、創新者在用國際思維方式來思考問題，遵循西方的遊戲規則，意味著中國企業開始學會使用西方通行的市場語言，來與西方企業對話和合作。在短期內，仍然承認西方管理體制、企業文化的優越性，並且全盤保留、不做更改，這就給予了戒備心理很強的對方一種保證，得到對方的合作與諒解，從而有效的降低了併購過程中技術吸收、知識學習的文化、體制的風險。

　　相比西方文化，中國傳統文化的包容性很強，講究和諧、合作、共生、共贏、化解矛盾於無形，不強調衝突、對立、爭鬥、擠壓對手乃至擊垮對手。在跨國併購中，中國的產業界把這一特點發揮得淋漓盡致，用耐心的工作、謹慎的溝通逐步建立起雙方的信任，營造起良好的氣氛，從而以時間換取空間，為實現順利的技術吸收營造一個寬鬆的環境。文化的鴻溝，必須要人來跨越。意識形態的偏見，終究要靠人去化解。在創新的道路上，為了獲得知識、贏得學習，創新者必須具有足夠的胸懷，用坦誠、包容和互信，為中國產業界的成長贏得空間。

1　史亞娟，莊文靜．憑什麼拿下GE家電？海爾跨國併購「三級跳」[J]．中外管理，2016, (10): 2-4.

2　德國股東歡呼，庫卡機器人被中企收購收入大增，美的好樣的！2018-07-30/2018-08-01.

二、集群的網路

美國的矽谷是創新創業的天堂。每天都有成千上萬的人（不光是年輕人）在圖書館、酒吧、咖啡館裡討論改變世界的夢想，也有成千上萬的人在辦公室、實驗室、生產線、研發場地、創客空間、孵化器裡做著腳踏實地的創新創業工作。同樣，在以色列的矽溪、英國的劍橋、德國的 BioRegio 和 InnoRegio、中國的中關村和張江，也有這樣的地方。在上海的漕河涇新技術開發區裡，有許多企業孵化器、加速器，年輕人們在一起喝茶、喝咖啡，一起編排歌曲，當然也一起勾畫著未來的夢想。我們把這樣的地方稱為創新集群。

在創新集群裡，有大量的創新型企業，他們從事的業務主要在高新技術產業，例如資訊及通訊技術、生物醫藥、新材料、新能源、環境保護、人工智慧、大數據、區塊鏈等等。除此以外，還有大學、研究機構、風險投資公司、各類仲介服務組織。

在這樣的創新集群裡，有大量的正式活動，幫助企業與大學和科學研究機構、地方政府、仲介服務機構等建立正式連結，例如產品交易、官方技術合作以及報告會等正式場合的聯絡與交流。與此相對的，集群中人與人之間的社會網路關係也能發揮作用，比如企業員工之間、企業家之間、企業技術人員與大學和科學研究機構中的技術專家之間在非正式場合的交流。這種非正式交流可能相當頻繁。

這些機構在長期的正式、非正式的交流中，彼此建立起各種相對穩定的、能夠促進創新的、正式或非正式的關係，並在這一基礎上加深相互了解，從而建立起較高程度的信任。這種信任非常重要，它能夠幫助各個創新單元降低成本，開拓更多的合作可能性，為企業開闢出創新設計而鋪平了道路。信任、交流、合作發展新業務，這些活動交織在一起，形成了集群創新文化，構成了區域創新系統的一張龐大的、有靈活

性的網路。在這種網路基礎上形成的集群特有的文化、深深扎根於本地的根植性、豐富的人脈資源、集群的品牌效應，都成為創新集群獨樹一幟的特點。

有學者對矽谷的創新網路做了研究，發現了一些有趣的現象。那些最具有創新性的企業並不總是處於創新網路的中心，相反，他們往往處在「次中心」的位置，這樣一來，他們既可以享受到比較豐富的資訊和足夠的資源，又不至於花費太多精力在無效的溝通上，可以專注於他們的核心業務。此外，還有一個發現，那就是這些創新性好的企業往往處在一個「橋梁」的位置，把一些本來並不相連的企業——往往是不同行業、不同領域的企業——連接起來。這樣一來，「橋梁」企業就可以對這一關係網路產生較強的控制作用，能夠在業務活動中獲得更多的迴旋餘地，甚至可以利用這一地位對相關聯的企業的技術軌跡、策略方向、業務模式施加影響。

創新集群中還有一些其他的現象。這樣的創新集群總是「本地化」色彩濃厚。這裡的創業者、創新者思考的問題都是很相似的，比如都是在同樣的產業領域內，或者對各個領域的問題都傾向於採用類似的解決方案。這固然展現了這個集群的優勢，也產生了一些問題，比如，大家的思考方式太接近而形成「同質化」；大家思考的問題都局限在這個集群內而不關心集群外面的世界，被稱為「鎖定效應」；長此以往，創新的效率會逐漸降低；企業之間的互補性逐漸減弱；創新的新穎性（也就是突破性、前沿性，breakthrough innovation，cutting-edge innovation）逐漸下降。因此，企業也有必要經常「出去走一走」，看看外面的世界，從而把眼界打開，增加思考模式的靈活性，這樣才不至於被本地化效應鎖死。

三、體制的力量

在談到產業創新的時候，人們大多看到的是哪一家企業投入多少鉅資進行產品研發，哪一位商界大人物投入多少資金把另外一個企業全盤收購。「買買買」，「真有錢」成為產業界出現頻率最高的評論語。

然而，大多數人忽略了決定產業創新成功與否的另外一個重要的因素——體制。

1925 年 1 月，AT&T（美國電話電報公司）收購了西方電子公司的研究部門，成立了一個叫作「貝爾電話實驗室公司」（Bell Lab）的獨立實體（AT&T 和西方電子各擁有該公司的 50% 的股權）。在建立之初，貝爾實驗室便致力於數學、物理學、材料科學、電腦程式設計、電信技術等各方面的研究。也就是說，除了電信技術的研發之外，它的重點在於基礎理論研究。

在「一戰」、「二戰」以及「冷戰」期間，貝爾實驗室集中了全世界通訊領域頂級的科學家，開創了一系列的基礎理論和技術，貝爾實驗室的光芒極其耀眼，前後有 8 位科學家獲得諾貝爾獎，4 位獲得圖靈獎。貝爾實驗室是電晶體的發明地。光纖通訊、雷射技術、太陽能電池、發光二極體、數位交換機、通訊衛星、通訊網這些影響全人類生產生活的發明，都源自貝爾實驗室。不僅是硬體，貝爾實驗室還發明了 Unix 系統和 C、C++ 程式語言，我們現在的網際網路、軟體體系的技術源頭，歸根結柢都是來自於貝爾實驗室。

貝爾實驗室為什麼能夠獲得這麼大的成功？錢是一個很重要的因素。但並不是唯一的因素。

貝爾實驗室營造了非常寬鬆舒適的環境。而這樣的自由環境，就是科學研究人員追逐夢想的天堂。對於研究人員來說，最大的樂趣莫過於按照自己的興趣和專長來選擇研究課題，並能夠自由交流和探討。而這

些，在貝爾實驗室都能得到最充分的滿足。

容忍失敗，鼓勵嘗試，是貝爾實驗室創新能力的保證。那些科學研究人員，沒有 KPI，沒有業績考核，沒有進度檢查，沒有任務匯報，沒有各種束縛和監視。他們的每一層「主管」，都是在這個領域被認可的技術權威。上下級之間是非常平等的同事關係，而不是隸屬關係。上級也不會隨意干預下級的研究項目。對於真正的科學家來說，這是一方純淨的科學研究樂土。不僅軟硬體環境好，而且擁有非常充足的自由。在這裡允許長期不出任何成績，而且沒有被解僱的危險。在這種極其自由的學術氛圍中，思想交流與智慧碰撞，各種創意層出不窮。

另一方面，貝爾實驗室的人才選拔極為嚴格。貝爾實驗室的歷屆總裁都有博士學位，有幾任總裁獲得過諾貝爾物理學獎，在產業界、學術界具有崇高的聲望。貝爾實驗室每年只招收極少的優秀人才，人員的重要特質包括對科學追求的理念和自我驅動的熱情。資深專家的應徵根據其在科技領域的領導地位決定。[1]

在多方面因素的作用下，貝爾實驗室才最終成為研究型人才的樂園。

然而，進入 1980 年代以後，華爾街的勢力開始插足貝爾實驗室，引入了業績的考核，大量的科技人員從研發部門調到業務部門。學術研究的自由性受到了干涉。

1996 年，貝爾實驗室成為朗訊公司的研發部門。朗訊的利潤無法支撐這個龐大的實驗室，貝爾實驗室不得不走上商業化的道路，所有的長期科學研究都逐漸放棄，科學研究轉移到能夠儘快創造利潤的研究上來。2002 年，貝爾實驗室的研究員 Jan Hendrik Schoen 的論文造假，又令貝爾實驗室的聲譽大受打擊。

1　貝爾實驗室的百年興衰史，2018-03-21/2018-08-04.

　　2008 年，阿爾卡特朗訊出售了有 46 年歷史的貝爾實驗室大樓，並將其改建為購物中心和住宅大樓。在金融危機之後，貝爾實驗室索性放棄了引以為傲的基礎物理學研究，將更多的目光投向網路、無線電、奈米技術、軟體這些領域，因為這些領域能夠為母公司快速帶來回報——現實逼著科學家去賺錢。

　　如今的貝爾實驗室歸 Nokia 所有，基本上只是一個小研究機構，雖然也做做 5G 之類的新技術研發，但早已沒有了往日的榮耀。

　　貝爾實驗室的興衰史折射出許多企業的創新中心、研發中心的問題。在企業這樣一個逐利的機構，為什麼要有這樣一個非功利性的、純粹興趣導向的學術研究單位？如果有必要保持這麼一個單位，那麼如何進行運作和管理，才能使其有條不紊，並且企業從中獲益？

　　一方面，在今天這樣變化多端的市場環境中，即使是同一個企業的不同部門（如研發部門與製造部門）或同一部門中的不同活動（如同樣是電腦部門，一些成員從事相當常規的工作，而另一些成員則從事非常規工作，如設計全新的系統）所面臨的環境的不確定性或任務的複雜性也是不同的。另一方面，企業在推行創新，尤其是技術創新時，通常會面臨一種矛盾：產生新構想所要求的條件往往並不是適合於在常規生產中實施新構想所需要的條件。有機式組織所特有的靈活性使員工能自由的提出和採用新的構想，並且正是因為有了提出新構想並進行試驗的自由，源於中下層員工的創意和變革才會層出不窮；而機械式結構由於強調規則條例而抑制了創新，不過對有效的進行生產常規產品來說，通常卻是更有效率的形式。如何才能在組織內同時創造出有機式和機械式兩種條件，以便同時獲得創新和效率？

　　因此，越來越多的創新型企業開始採用一種新的組織模式——保持結構和文化獨立性的二元性組織（Ambidextrous Organization）。在這樣的企業裡面，各個部門被分為兩種類型。在那些主流的部門內，有

第五章　產業的變革：用價值去征服

相對正式化的角色和職責，程序和權力相對集中，採用較為傳統的職能化結構，比較欣賞以效率為導向的企業文化，作業流程高度專業化，擁有強大的製造和銷售能力，比較受青睞的是那些相對同質的、年齡較大的、有經驗的人力資源。與此相對的，在那些創新性的部門內，強調開拓精神、重視科學研究，規模一般較小，產品結構比較鬆散，熱衷於實驗與工程文化，作業流程比較寬鬆，崇尚較強的進取能力和技術能力，追求年輕、異質化的員工團隊。

　　Google 有一個知名的管理制度——20%自由時間。公司允許員工花費五分之一的工作時間——每週1天，每月4天，利用 Google 的資源，從事與 Google 相關的側邊項目，從他們自己的熱情和想法裡開發出來的項目，哪怕這個項目與現有的業務之間沒有關係。由於該政策，在這20%的時間開發出來的產品，諸如 Google 新聞、Gmail、和 AdSense（廣告引擎開發用於支持 Gmail 的財務），現在大約占 Google 收入的四分之一。其他的許多知名公司如 Apple、LinkedIn 也紛紛效仿。[1]

　　微軟在全球有8個創投加速器，為最創新的早期創業團隊提供「找錢，找人，找市場，找消費者」的全方位服務，幫助初創企業實現快速發展。微軟在2009年發起了「車庫計畫」，這是微軟員工的草根創新者社群，員工們在業餘時間可以隨心所欲的開發自己想要開發的產品。Hackathon（駭客馬拉松）作為微軟創新文化的一部分一直是微軟極客的「實驗場」。不論任何創新的想法，也不論任何職位，Hackathon 鼓勵微軟所有員工與志同道合的來自全球各地、不同專業、不同部門的夥伴自由組成團隊，一起點燃靈感，充分調用公司的資源，開發解決

1　據透露，該政策目前在 Google 已名存實亡。Google 的這一動作可能反映了其策略變化，那就是把精力集中在讓公司更具競爭力上。Google 似乎正在嘗試走更加專注、更加集約化的創新之路。

方案。

　　二元化組織只是創新型企業採用的眾多體制中的一種。但是重要的是，我們的確從中看到了體制、組織形式、文化、激勵政策對於創新的重要性。就像英格蘭的專利法在 18 世紀瓦特的蒸汽機創新過程中所產生的強大推動作用那樣（見本章第一節），嚴謹的規畫、良好的組織、適當的激勵、寬鬆的文化，這些總是能夠幫助企業在創新的道路上一帆風順，獲得令人矚目的成績。

四、領導者的表率

　　在 2002 年，31 歲的伊隆 · 馬斯克（Elon Musk）剛剛把 PayPal 賣給了 eBay，他的個人資產達到了 1.5 億美元，在矽谷確立了自己的地位。他意氣風發，決心再做一票大的。他個人出資 1 億美元，共籌得 3.2 億美元，又創辦了太空探索公司（SpaceX）。他雄心勃勃，計劃在下個世紀實現星際移民。在 2004 年，他又砸了 7,000 萬美元，創立了歷史上第一家電動汽車公司特斯拉（Tesla）。

　　然而，厄運接踵而至。2006 年、2007 年、2008 年，發射連續失敗。與此同時，馬斯克的第一段婚姻走向盡頭。2008 年，全球金融危機爆發，沒人願意把錢用於預訂太空旅行的位子。他的另一家公司——特斯拉電動汽車也瀕臨破產。毫不誇張的說，馬斯克陷入了人生的最低谷。

　　2008 年是考驗馬斯克的意志力極限的一年。他的員工告訴他：「我們的錢只夠再發射一次火箭了。」就在此時，他卻向公司發出聲明：「公司最近剛剛得到一筆數額龐大的投資，加上原有資金，我們的資金基礎非常雄厚，足以繼續支持下一階段的火箭研發工作。」人人心裡都清楚，馬斯克的錢快燒沒了，他的平靜讓大家頗為吃驚。他卻告訴大家：「我們有決心，我們有資金，我們有專家。」

　　有人問：「你怎麼會這麼樂觀？」他說：「管它什麼樂觀、悲觀，我

只想要把事情做成。」

　　2008 年 9 月 28 日，馬斯克的意志勝利了──他孤注一擲，第四次發射「獵鷹 1 號」。那一天，火箭升上天空，進入了預定軌道。最低的發射價和新的航空航太時代誕生了，它拿到了美國國家航空暨太空總署（NASA）16 億美元的訂單和其他客戶 9 億美元的訂金。同年 10 月，第一批特斯拉 Roadster 下線並開始交付。隨後，特斯拉與戴姆勒、豐田等汽車龍頭達成了緊密合作，從美國能源部獲得大額低息貸款，還在 2010 年 6 月成功登陸那斯達克市場。

　　毫不誇張的說，馬斯克在幾個領域開創了新時代：他參與創立和投資了 PayPal ──世界最大的網路支付平臺；他參與設計能把飛行器送上太空站的新型火箭，在人類歷史上首次成功實現火箭回收；他投資創立了生產世界上第一輛能在 3 秒內從 0 加速到時速 60 英里的電動跑車的公司，並成功量產。現在，他又在從事「超級高鐵」Hyperloop 和太陽能屋頂的事業。

　　在馬斯克具有傳奇色彩的、起死回生的產業創新生涯中，缺錢、缺人、缺技術的生死關頭已經出現了多次。在這些千鈞一髮的時刻，馬斯克的個人意志、固執和瘋狂、堅定不移的執行力發揮了關鍵作用，最終挺了過來。

　　在產業創新的過程中，我們一再看到創新者的個人魅力可以發揮多大的作用。瓦特的極端倔強和堅持使他的蒸汽機終於橫行天下（見本章第一節）。老福特的節儉、樸素、實用的個性投射到 T 型車大規模量產中，造就了標準化產品的機械化大量生產（見第一章第二節）。張瑞敏在品質問題上偏執到把 76 臺有瑕疵的海爾電冰箱全部砸毀，終於造就了海爾有口皆碑的品質品牌。作為策略引路人的任正非行事低調、行為簡樸、喜歡閱讀和沉思，使得華為能夠在浮躁的資訊產業中保持務實的技術導向，居安思危，在春天的浮華中冷靜思考冬天的嚴寒。領導者就像

定海神針，在危難中保持創新組織的整體定力，為未來的成功爭取時間和空間。在某種意義上，企業就像是這些創新者的外衣，創新者的個人性格、氣質完完全全的展現在這些企業中，讓這些企業在激烈的競爭中也具有了自己鮮明的性格，彷彿一個個活生生的人。「法人」不過是這些「自然人」的外在呈現。

五、市場，自發的力量

西元 1868 年，美國排字工人克里斯多幅 · 萊瑟姆 · 肖爾斯（Christopher Latham Sholes）獲得了打字機的專利，並獲得了經營權。他於幾年後設計出了通用至今的鍵盤布局方案，也就是 QWERTY 鍵盤。

在剛開始的時候，肖爾斯是把鍵盤字母鍵的順序按照字母表順序安裝的，也就是說，鍵盤左上角的字母順序是 ABCDEF。但是他很快發現，當打字員打字速度稍快一些的時候，相鄰兩個字母的長桿和字錘可能會卡在一起，從而發生卡鍵的故障。後來，有人建議他把鍵盤上的英語字母中最常用的那些連在一起的字母分開，以此來避免故障的發生。肖爾斯採納了這個解決辦法，將字母雜亂無章的排列，最終形成了 QWERTY 的布局。因此，這個鍵盤設計實際上是為了降低打字速度。然而，肖爾斯告訴大眾，打字機鍵盤上字母順序這樣排列是最科學的，可以加快打字速度。

西元 1873 年，一家公司購得了這項專利，並開始了打字機的商業生產。由於西元 1870 年代的經濟不景氣，這種價格為 125 美元的辦公設備上市的時機並不好。西元 1878 年，當這家公司推出這種打字機的改進 II 型時，企業已經處於破產的邊緣。因此，雖然銷售開始緩慢上升，西元 1881 年打字機的年產量上升到 1,200 臺，但 QWERTY 布局的打字機在其發展的早期遠沒有獲得穩固的市場地位。西元 1880 年代的 10 年間，

第五章　產業的變革：用價值去征服

美國的 QWERTY 布局打字機的總擁有量還不超過 5,000 臺。

西元 1880 年代，打字機市場開始繁榮起來，出現了很多鍵盤與 QWERTY 鍵盤競爭，有的鍵盤的設計運用了人體工學原理，顯然比 QWERTY 鍵盤更高效能、更合理。然而，就在 QWERTY 鍵盤即將被取代時，西元 1888 年 7 月 25 日在美國辛辛那提舉行了一場打字比賽。一個來自鹽湖城的法庭速記員麥古林（Frank McGurrin），使用 QWERTY 布局打字機和盲打方法，以絕對的優勢獲得冠軍和 500 美元的獎金。麥古林可能是第一個熟記這種鍵盤並盲打的人。這一事件確立了 QWERTY 鍵盤在技術上更先進的看法。麥古林選擇 QWERTY 鍵盤可能是隨意的，但卻在事實上確立了這一主導設計的統治地位。

美國的打字機產業迅速倒向 QWERTY 布局，使之成為打字機的通用鍵盤。一旦成了主導設計，大量的打字機廠商以及後來的電腦廠商都基於此設計而推出相應的鍵盤，配套產品的極大豐富，市場上的消費者也就被動的接受了這一事實，不會再去花費時間和精力去學習另外一種鍵盤設計，這就造成了採用這種設計的消費者規模越來越大。廠商也就更沒有積極性去推出一種新的設計了。歷史的偶然性就這樣決定了打字機鍵盤的布局。

到了 20 世紀，打字機的 QWERTY 鍵盤布局又被原樣照搬到了電腦鍵盤上，成為我們今天還在廣泛使用的標準鍵盤布局。後來，還有不甘心的人試圖用 DSK 鍵盤、MALT 鍵盤等設計來把 QWERTY 鍵盤布局從寶座上拉下來，但是都無疾而終。

在創新的道路上，這樣的例子並不是絕無僅有的。純技術角度上的「最優方案」並不總是最終的勝利者，市場選擇的往往是「次優方案」甚至更糟糕的方案。電腦操作系統中，Windows 一家獨大，其他的操作系統如 Unix、Linux、Mac OS 難以撼動其統治地位。錄影機標準形成過程中，JVC 的 VHS 方案戰勝了 Sony 的 Betamax 方案，儘管前者在

技術上有許多方面並不如後者。

　　為什麼會這樣？市場中的消費者是盲目的嗎？並不完全是。但是，每一個單個的消費者個體都可以看成是一個理性的決策單元，每個決策者要在若干種創新設計中進行選擇的時候，除了考慮直接的性能、效率、效益因素之外，往往還會考慮很多個人因素，比如情感、偏好、傳統等。還有一個因素不能忽略——轉換成本。一旦某個設計成為市場中的主導設計，那麼消費者就會付出較多的時間、精力來學習、接受這一設計，從而使自己成為這一主導設計的追隨者和擁護者。在這種情況下，要他放棄這一主導設計，轉而使用另一種設計，就意味著他以前投入的時間、精力、金錢都付諸東流，他必須從頭開始學習。這在每個人看來都不是那麼愉快的。正因為此，那些次優方案一旦在市場上站住了腳，其地位就很難被撼動。這種「強者越強」的馬太效應在電視、積體電路、電腦等行業非常明顯。

　　創新是一個大系統，這個系統有其自身的發展規律。其中有一個規律，就是「自組織」。沒有外人發布命令，系統卻彷彿有意識一樣，按照某種規則，各個子系統相互默契、各盡其責而又協調的自發形成某種有序結構。系統的複雜度越來越高，精細度越來越高。主導設計的出現就是一種自組織的過程。在這一過程中，廠商的策略布局、審慎規畫、廣泛的合作網路可能發揮重要影響。與此同時，偶然事件也可能扮演重要角色。一個偶然的、小機率事件，卻有可能影響整個系統的發展方向，形成所謂的「路徑依賴」。類似於物理學中的慣性，高速行駛的列車是很難在短時間剎車的。「人在江湖身不由己」，一旦人們做了某種選擇，就好像走上了一條不歸之路，慣性的力量會使這一選擇不斷自我強化，並讓人輕易走不出去。QWERTY 鍵盤發展過程中，辛辛那提打字比賽就扮演了這個偶然事件角色。如果沒有這場打字比賽，或者那位法庭速記員麥古林因病未能參加這次比賽，那麼今天市場上的主流鍵盤布

局就很可能是另外一種效率更高、更省力的設計。

六、政策，看得見的手？

2016 年，北京大學的兩位著名學者林毅夫、張維迎圍繞產業政策展開了激烈的辯論。林毅夫說：「我沒有見過不用產業政策而成功追趕已開發國家的開發中國家，也沒見過不用產業政策而繼續保持其領先地位的已開發國家。」張維迎則認為：「一項特定產業政策的發表，與其說是科學和認知的結果，不如說是利益博弈的結果。」

對於產業政策的爭論，也適用於創新激勵的政策。

2010 年 9 月，中國國務院通過《關於加快培育和發展策略性新興產業的決定》。2012 年 5 月的中國國務院常務會議討論通過了《「十二五」國家策略性新興產業發展規畫》，提出了節能環保、新一代資訊技術、生物、高端裝備製造、新能源、新材料以及新能源汽車等七大策略性新興產業的重點發展方向和主要任務，並提出了 20 項工程。後來，又在《「十三五」國家策略性新興產業發展規畫》中提出要加快發展壯大網路經濟、生物經濟、高端製造（包括高端設備製造與新材料）、綠色低碳（包括新能源、新能源汽車、節能環保）、數位創意五大領域及其八大產業。

這些所謂的「策略性新興產業」的選擇是否合理？這就涉及非常複雜的技術、產業、政治等問題。僅從創新的角度來講，其中的「技術預見」問題就值得探討。

不少有識之士認為，技術預見猶如一雙「千里眼」，用於預測未來 5 ～ 30 年的科學技術和經濟社會發展方向。科學、準確的技術預見，有助於國家制定前瞻性科技政策，升級配置科技資源，提高創新效率。從國家到地方，乃至企業，都需要技術預見，搶占技術創新的前沿，在科技競爭中掌握主動權。從 1940 年代開始，美英法德日等主要國家都開始

了技術預見活動。進入 21 世紀之後，很多的跨國公司，例如西門子、三星、微軟等，都把技術預見作為進行全球技術研發布局，獲取創新成功的重要工具。

不過，也有另外一個問題：技術預見本身是否存在合理性？換句話說，技術預見的結果是不是總是正確的？在上一節的 QWERTY 鍵盤的案例中，我們看到市場的力量是強大的，有的時候，偶然的因素也可能導致技術市場產生重大變化，彷彿亞馬遜河畔一隻蝴蝶扇動了翅膀，就在密西西比河流域造成了一場龍捲風。合理的、最優的技術並不總是最後的贏家。

例如，從目前的研究方向看，未來電腦可能向著以下幾個方面發展：利用光作為資訊傳輸媒體的光學電腦；利用處於多現實態下的原子進行運算的量子電腦；用蛋白質製成晶片的生物電腦；高速超導電腦；分子電腦；DNA 電腦；神經元電腦。全世界都希望儘快開發出面向未來的電腦，包括 IBM、微軟、HP、加州大學、中國國防科技大學在內的多家世界頂級科學研究機構正在不遺餘力的投入力量進行研究開發。僅僅在技術上就存在太多的不確定性。說不定哪一天，某條原本看上去行不通的技術路徑上的關鍵難題在偶然間一杯咖啡的工夫之後就被破解，從而突飛猛進；而另外一條原本順風順水的技術路徑上突然出現一個難題，令研究者再也無法前進甚至陷入絕望。在這種情況下，未來最強的電腦究竟會出自哪個「門派」，鹿死誰手還真的難以預料。技術預見的準確性，無疑是要打上一個大大的問號的。

然而，政策制定者和企業家在很多時候都相信那句中國的老話：「事在人為。」他們看到，在電腦操作系統領域，Windows 傲視群雄；在錄影機標準領域，VHS 一統天下。這些局面在很大程度上都是企業家、決策者的行為所致。因此，他們相信「人定勝天」。只要能夠找到最優的技術發展方向，就能做出正確的技術預見，「做正確的事」；在此基礎

上，用正確的方法來推動這些「新興產業」，「正確的做事」，擊敗那些競爭性的技術，使自己所倡導的技術成為該領域內的主導技術，就能在事實上把這些產業做成區域的、甚至全球的主導產業，引領全球發展。盈利自然也就成了水到渠成。

　　價值，既是產業創新的出發點，也是產業創新的終點。這一價值更多的展現為商業價值，或者市場價值，是可以用美元、歐元、人民幣進行衡量的。正因為如此，產業創新是一個不折不扣的「成本—收益分析」的過程。從高科技企業的研發，到風險投資公司的盡職調查，無不如此。確保每一分錢都被正確的花掉，都能產生最大的收益，是產業創新顛撲不破的法則。

第六章

創新可以被教出來嗎？

第一節 錢學森之問與李約瑟難題的教育解

2005 年，時任中國國務院總理溫家寶在看望 94 歲高齡的錢學森的時候，錢老感慨的說：「這麼多年培養的學生，還沒有哪一個的學術成就，能夠跟民國時期培養的大師相比。」接著，錢老又發問：「為什麼我們的學校總是培養不出傑出的人才？」這就是後來著名的「錢學森之問」。

實際上，錢學森之問與著名的李約瑟難題有異曲同工之妙。在李約瑟難題中，「為什麼近代科學只在西方興起，而沒有在中國、印度興起？」（見本書第三章第七節）也包含了對中國教育體制、教育思想、教育方法的考問。從教育角度對李約瑟難題的回答，從某種意義上也就是對錢學森之問的回答。

中國的傳統教育體系有其可取之處。政府和民間對教育的投入，中國傳統文化對教育的重視，中國學生在學業上花的時間多，中國教育在大規模的基礎知識和技能傳授上很有效，使得中國學生在這方面的平均水準比較高。這種教育優勢對推動中國經濟在低收入發展階段的成長非常重要，因為它適合「模仿和改進」的「追趕」階段。這在製造業中表現得非常明顯，即使是服務業也一樣。借助先進的資訊技術和管理流程，在超級市場的收銀、銀行的櫃臺服務、醫院的掛號和收費、出入關的檢查等重複性、規律性的大規模操作業務上，中國服務人員的速度和精準程度是完全超過已開發國家的。[1]

然而，必須正視的是，中國的教育也存在不少問題。

首先，中國的填鴨式教育、灌輸式學習太多。從小學開始（其實很多幼兒園已經開始灌輸了），孩子們就開始死記硬背了：拼音字母，方塊漢字，1234，乘法口訣，天上的星星，地上的山川，英文字母，歷

1　錢穎一·大學的改革 [M]·北京：中信出版社，2016.

史人物，飛禽走獸，花草蟲魚……我們的孩子，在國高中的考試中還只能滿足於回答「成吉思汗的繼承人窩闊臺，西元哪一年死？最遠打到哪裡？」這樣的問題。

　　而美國的孩子則思考的是「成吉思汗的繼承人窩闊臺當初如果沒有死，歐洲會發生什麼變化？」這樣的問題。美國的孩子會如何作答呢？他們會這麼思考：「這位蒙古領導者如果當初沒有死，那個可怕的黑死病就不會被帶到歐洲去。如果沒有黑死病，神父跟修女就不會死亡。神父跟修女如果沒有死亡，就不會懷疑上帝的存在。如果沒有懷疑上帝的存在，就不會有義大利佛羅倫斯的文藝復興。如果沒有文藝復興，西班牙、南歐就不會強大，西班牙無敵艦隊就不可能建立。如果西班牙、義大利不夠強大，盎格魯 - 撒克遜會提早 200 年強大，日耳曼會控制中歐，奧匈帝國就不可能存在。」[1]

　　他們為什麼能夠做出這樣令我們震驚的回答？在他們的教育體系中，有這麼幾個值得我們關注的。

　　都說「提出問題比解決問題更重要」。然而，在我們這裡，考試的問題都太死板、太僵化了。相比之下，西方的教育，重視培養孩子的問題導向的思考方式。世間的事情，最怕連問三個「為什麼」。這也是為什麼很多大人招架不住三歲頑童的原因。對此，我們的辦法是：要麼敷衍了事、簡單回答；要麼鼓勵他「自己去探索」。前者失之草率，後者雖然有鼓勵的成分，但是方法上仍然太籠統，缺少方法論的指導。西方人的方式是：抓住問題，追根究柢。首先是引導孩子提出正確的問題，有價值、有意義、開放性、促進思考的問題。這一課，在幼兒階段就已經開始了。在小學、中學、大學，在各個類型的考試中，都有明顯的導向性。因此，他們的孩子，善於對問題進行分析、推理、歸納和演繹，

1　可怕的中國式教育：美國、中國、日本三國考題比較，2016-03-23/2018-08-07.

而這種分析、推理、歸納、演繹能力是建立在扎實的思考方式的培養基礎上的。

這就引出了他們的第二個思考方式：邏輯思維。

自從古希臘的亞里斯多德創立了形式邏輯學以來，西方人就習慣於思考事物的因果關係。在他們的思維中，有因必有果，有果必有因。儘管兩者之間不一定是一對一的關係，但是因果關係的存在是世間一切事情的根源。一個原因導致一個結果，這個結果作為下一個原因又會導致下一個結果……這樣一環一環扣起來，cause and effect 層層疊疊，就形成了一條因果鏈。所以，一個事物的產生或者一件事情的發生，可能會透過這種因果關係的傳遞，在很多個環節之後得到一個令人意想不到的結果。如果從表面上看來，有可能兩者之間毫無關聯，但是深究其理，卻是有著必然性的。

儘管聽上去頗有些宿命論的味道，但是這種思考方式的確在很大程度上促進了他們的邏輯思維，養成了凡事必要探究其根源的習慣。在每一個學科領域，都有一群人執著於這樣的思考方式，就促成了西方的近代科學體系的建立。

毫無疑問，在前面列舉出的兩種不同模式的歷史考題面前，用後一種方式教育出來的孩子，其創新能力是超越前一種的。所以，在教育體系中，把問題導向思維—邏輯思維這兩者結合起來，營造更加自由的探索空間和獨立思考的文化環境，創新型人才就更容易在西方的教育體系中成長起來——從科學研究領域的牛頓、愛因斯坦，到技術開發領域的萊特兄弟、愛迪生，到產業拓展領域的瓦特、祖克柏、馬斯克。

在問題導向思維和邏輯思維之間，還需要一個因素把這兩者連接起來。這就是「探索性思維」。探索性思考能力的培養也是需要教育精心呵護的。

西方的教育，從小學開始就不要求孩子花大量的時間死記硬背，而

是挖掘、引導孩子的好奇心和想像力，促使他們學會提出有意義、有價值的問題，到高中仍然注重邏輯思維的訓練、探究事物的本源。向孩子們提出一些開放性的問題，讓他們運用自己的頭腦去思考。這裡就需要孩子們拿出兩方面的本事。首先是邏輯思考能力，能夠進行合情合理的演繹、歸納。其次是「connect the dots」的能力，也就是中文所說的「融會貫通」。

在美國某所公立小學五年級學習的小學生，用兩個月時間完成了英語閱讀與寫作課的作業：一篇題為〈水〉的論文。論文有厚厚的 34 頁，從四個方面來介紹「水」。「水的歷史」部分介紹了水的概況、水的特性、宇宙中的水、關於水的資料、水汙染、水的名字、水的用途等；「和水有關的極端天氣」介紹了洪水、海嘯、乾旱、暴風雪和颶風等天氣的特點；另外還有「水的技術」和「水上娛樂」兩部分。論文豐富的文字內容中間還穿插了相關圖片和圖表，頗為生動、有趣。[1]

這種沒有約束、鼓勵發揮想像力的論文，最大的好處就是鼓勵學生把所有他感興趣的點都拿出來，彷彿用一根木棍把十幾個冰糖葫蘆串在一起，形成一個系統的整體。這就是融會貫通。

同樣的情況也發生在日本。那個著名的「21 世紀如果日本跟中國開火，你認為大概是什麼時候？可能的原因在哪裡？」的問題，以及日本高中生的回答，就是真實的反映。日本的高中生在思考這個問題的時候，嘗試著去把自己了解到的歷史、社會、軍事、經濟、國際政治等方面的知識通通串聯起來，融會貫通，同時深刻的運用邏輯思考，來進行推斷。

2005 年，蘋果公司的創始人賈伯斯（Steve Jobs）在史丹佛大學演講的時候就說，融會貫通是他最重要的本事之一。實際上，這是人生體驗

1　美國小學生作文偏重「研究性」堪比大學生論文，2014-04-21/2018-08-07.

的勝利。經歷越豐富、體驗越豐富，當然還有悟性更高，那麼融會貫通就能夠對創新者產生不可估量的作用。

在中國，我和自己的碩士生、博士生進行學術討論的時候，經常有一種無力感。毫不誇張的說，他們的問題導向思考能力、邏輯思考能力、探索性思考能力，都有太多的欠缺。這三位一體的能力，正是科學探索、學術研究的基石。不能用正確的方式提出正確的問題，不能進行嚴密合理、絲絲入扣的邏輯推理，不能融會貫通、舉一反三，那麼何談做出好的研究？這種情況不是個案，而是相當普遍的存在於中國的大學，甚至是頂級大學之中。碩士、博士們，可以說是一個國家未來的菁英，未來的高階領導者、企業領袖、科學技術專家，絕大部分都將是出自他們這個族群。他們尚且如此，更何況芸芸眾生？

造成這種現狀的原因何在？不是在大學，而是在國高中、小學，甚至幼兒園階段，慣性思維的種子就已經埋下了。一個人的思考方式不是在大學才養成的，而是在從小到大的整個成長過程中逐步養成的。我們的大學培養不出傑出的創新型人才是事實，但是這口鍋不應當僅僅由大學來背。整個教育體系乃至整個社會甚至每個家庭都應當深刻反思。

第二節　專業很重要？

今天的創新，似乎越來越流行「跨界」。阿里巴巴和淘寶、京東等網站生意越來越好，可是傳統的商場、百貨商店卻變得越來越門可羅雀；支付寶和微信錢包的發展壯大，搶走了銀行的業務；優步（Uber）和滴滴打車（滴滴出行的前身）的出現，搶走了計程車的生意；做電池起家的比亞迪突然闖進了新能源汽車行業，攪得天昏地暗風生水起……

很多時候，出現這種情況的原因是新技術的應用，尤其是網路技術、資訊及通訊技術、新能源技術等，這些技術的應用對運用傳統技術的那些產業產生了強大的衝擊。儘管一開始不一定具有出色的性能，甚至遭到傳統產業的嘲笑，但是搭上了新技術的高速發展的快車，這些新興產業迅速的超越了傳統產業，把這些傳統產業的空間擠占得越來越小，最後把他們逼死在沙灘上。這就是所謂的「破壞性創新」（或者「顛覆性創新」）的力量。新技術的應用，就像趕鴨子一樣，拿著鞭子不停的抽，把傳統產業這群鴨子往前趕。

除此以外，新技術還不停的與原有的技術、產業進行融合，這就催生了新的專業領域。在人工智慧的強勁發展的背景下，中國科學院大學、南京大學已經紛紛成立人工智慧學院。在全中國上下強調創新創業的背景下，北京清華大學、浙江大學、上海交通大學也紛紛把原來的策略管理系改為創新創業與策略系，更不用說其他很多大學紛紛成立創業學院了。

事實上，2017年，中國新增的備案本科專業就達到2,105個（這還不包括新增的審批本科專業206個）。其中，「資料科學與大數據技術」、「機器人工程」、「網路空間安全」等專業廣受追捧。

今天，要在某個專業領域內進行技術創新，越來越需要學科的交叉與融合。例如，要在「大數據」領域進行創新，就必須精通統計學、數

第六章　創新可以被教出來嗎？

學、電腦這三大支撐性學科，還要對生物、醫學、環境科學、經濟學、社會學、管理學這些應用拓展性學科有深入的理解，此外還需要學習資料採集、分析、處理軟體等方法，涉及數學建模軟體及電腦程式語言等工具。這樣下來，培養出來的人是「二專多能」的複合型跨界人才（有專業知識、有數據思維）。

在這樣的背景下，新興的專業層出不窮，新湧現出來的專業越來越複雜，涉及的學科門類廣、深度深、組合方式新穎。「人工智慧」專業就涉及數學、電腦科學、物理學、生物學、心理學、社會學、法學等學科；「區塊鏈」則包含了金融學、電腦科學、經濟學、心理學、物理學、密碼學、社會學等學科。

在由瑞典和德國的兩位教授共同主編的《國際教育百科全書》裡，明確指出大學最初是圍繞哲學、醫學、法律和神學四種學科建立起來的，之後派生出若干專業性學科。隨著人類的研究越來越深，各個學科的知識越來越細，各學科既分化又重組，還會發生深度融合。過去的大學教育提倡的是「螺絲釘」精神，強調人才培養的專門性，專業越設越窄。專業設置基本上跟學科設置是相同的。大學裡面有理學院、工學院、社會學院、法學院。這些既是學科，也是專業。這就意味著學生只要把某一個學科的知識、技能、方法掌握了，就可以包打天下。後來，尤其是在實行市場經濟後，教育理念隨著市場需求而發生變化，人才培養的全面性越來越得到重視，大學教育的專業口徑得以逐步拓寬，專業教育思想逐漸向通識教育思想轉變。[1]

大學本科教育的目標究竟是培養通才還是專才？對這一問題的爭論自從有大學以來就從來也沒停止。然而大家已經達成共識的是，在今天，學科交叉頻繁出現、新專業不斷湧現，讓學生局限於一個甚至兩個

1　馬陸亭·學科、專業的同與不同 [N]·光明日報，2017-07-29(07).

學科的學習也已經不再能滿足社會的要求。很多有識之士的看法是類似的：必須讓學生掌握一些通用的、基本的知識和方法。這當中就包括了前面所說的：邏輯思考能力，問題導向的思考能力，探索性思考方法，還要能夠融會貫通，並且知道如何進行批判性思考。當然，除了理性思考的能力之外，還應當具有豐富的人文素養和藝術薰陶、樹立正確的價值觀等等。

　　創新者應該是通才還是專才？在 21 世紀，我們似乎很難給出一個單一的標準化答案。不同的創新者是不同的。有的創新者是工作狂，比如伊隆・馬斯克；有的卻也是充滿了情趣的人，比如馬克・祖克柏。如果我們把眼光放得更遠一些，就會看到，很多創新者是多才多藝的。愛因斯坦的小提琴就拉得非常棒。也許，作為一個具有創造性的解決問題的能力的人，創新者還是應該一專多能的。當然，並不是說一個技術天才創新者一定要懂多少印象派繪畫、巴洛克風格古典音樂或者中國書法，而是說他們在自己的專業技術領域之外，還懂得一些其他專業的知識技能，這也包括其他技術專業。所以，如果有一個文字工作者，他不僅掌握一些上海石庫門的建築知識，熟悉貓科動物的生活習性，同時還懂得烹調幾道口味不錯的傳統粵菜，又對宇宙中的黑洞有所了解，那麼這可能有利於他在撰寫某一部科幻文學作品的時候迸發出一些其他人不曾想到的火花。這位作家有可能寫出某位太空人運用古老的建築知識來解決黑洞內外的資訊傳輸問題、並且用一隻寵物貓進行了成功的實驗、在此過程中還用拿手的烹調技術征服了同行的女性太空人這樣的故事。畢竟，跨專業知識的融合，是有可能產生出令讀者眼前一亮的效果的。

第三節　創新從何而來？

　　人人都在談創新。可是，創新究竟從何而來？

　　愛因斯坦提出一個公式：創造力＝知識 × 想像力（好奇心）。當然，一般而言，知識是隨著受教育的增多而增多，這沒有錯。然而他認為，受教育越多，好奇心和想像力可能減少。好奇心和想像力在很大程度上取決於教育環境和教育方法。

　　既然創造力是知識與好奇心和想像力的乘積，那麼隨著人的受教育時間的增加，知識在增加，而好奇心在減少，作為兩者合力的創造力，就有可能隨著受教育的時間延長先是增加，到了一定程度之後會減少，形成一個倒 U 形狀，而非我們通常理解的單純上升的形狀。

　　想像力（好奇心）可以用什麼指標來衡量？有人提出，一個人仰頭看天的頻率和時間長度，可以用來衡量這個人的好奇心和想像力。為什麼？因為這代表了人對於宇宙中與自己的生存毫不相干的事物——星辰、太空——的興趣。而這就足以表明這個人的好奇心有多強。

　　如果真的這樣，那麼人類好奇心最強的時代是什麼時候？有人認為是原始社會，因為那個時候的人經常仰頭眺望天空，對浩瀚的宇宙發出由衷的讚歎與敬畏，以至於編出了二十八星宿和十二星座。而 21 世紀的人，更多的時間都用於盯著電腦螢幕上的遊戲畫面或者手機中的社交平臺，以至於越來越多的人得頸椎病和近視眼了。

　　回到愛因斯坦的觀點。既然好奇心和想像力在很大程度上取決於教育環境和教育方法，那麼我們就可以用一個公式來測算，經過了各種教育之後，一個人的想像力還剩下多少。

　　我們都有這樣的感受：一個人在孩童時代的初始的好奇心是很濃厚的，但是在經過填鴨式教育之後，可能泯滅殆盡，只會機械式的死記硬背。與此相對的，經過恰當的、良好的引導，老師和家長以及社會各個

方面的啟發，他的好奇心可以進一步增強。所以，這個現象可以表示為：想像力＝初始的好奇心 × 引導式教育（啟發式教育）／填鴨式教育。

這樣一來，愛因斯坦的那個公式就可以轉化為下面這樣：

創造力＝知識存量 × 想像力＝知識存量 × 初始的好奇心 × 引導式教育／填鴨式教育＝（知識存量／填鴨式教育）×（初始的好奇心 × 引導式教育）

在這個整理過後的公式裡，有兩個要素：「知識存量／填鴨式教育」，以及「初始的好奇心 × 引導式教育」。前者代表的是「打折之後的知識的力量」──知識的力量是強大的，但是由於填鴨式教育，這種知識的力量被削弱了，因為被教育者的知識越來越僵化，只能做到死記硬背，而無法靈活應用，做不到觸類旁通，因此這種力量是被「打折」了。後者衡量的則是「倍增過的好奇心的力量」──好奇心本身是人人皆有的，在悉心的培育下，耐心的引導下，小心的呵護下，循循善誘的啟發下，這種好奇心、想像力是能夠迸發出強大能量的。愛因斯坦說：「我沒有特殊的天賦，我只是極度的好奇。」我們的教育，應該小心的維護這種好奇心，不要輕易壓制、抹殺了它。

面對這個公式，中國的教育界需要問自己：簡單粗暴的填鴨式教育，讓這個社會中潛在的創新者──孩子們──的知識打了多少折扣？而明顯不足的引導式教育，又使得潛在創新者的好奇心、想像力不能得到成倍的增加？此消彼長，中國的教育再不變革，就不可能適應知識經濟、網路時代。

然而，創造力畢竟不等於創新。前面所講的都是創造力。接下來的問題是，創新從哪裡來？難道只要有創造力就足夠了嗎？

愛迪生說：「天才就是 1% 的靈感加上 99％ 的汗水。」靈感代表了創造力，而汗水代表著堅持和執行。今天很多人談到創新，都只強調了其中「創造力」的成分，認為有創造性思維、有創意、有天才的想法就

第六章 創新可以被教出來嗎？

是創新了，而對其中的「執行力」的成分忽略了。其實這是一個很大的誤區。

創造力固然重要。沒有創造力，瓦特不可能發明新式蒸汽機，愛因斯坦提不出相對論，愛迪生不可能發明電燈泡，而門得列夫（Mendeleev）也不可能畫出化學元素週期表。然而，執行力是不應該被忽略的。執行力是貫徹創新者的策略意圖、完成預定目標的實際操作能力。有了一個創意之後，創新者需要有堅強的執行力，持之以恆、不屈不撓、百折不回、一往無前，有的時候要拿出極端、偏執、頑固、瘋狂的勁頭，才能成事。英特爾公司前 CEO 安迪 · 葛洛夫（Andrew Grove）說得很有道理：「只有偏執狂才能生存。」

執行力可以透過創新者的果斷、決心、恆心、耐心、執著反映出來。沒有執行力，瓦特在與別人發生專利糾紛的時候可能就半途而廢，愛因斯坦也就滿足於當一個政府部門的小職員終老一生，愛迪生不會在 1,000 多次實驗失敗之後才找到合適的燈絲材料，門得列夫更不可能殫精竭慮了 15 年，才在夢裡得到啟發，畫出了化學元素週期表。

因此，正確的表述是：創新＝創造力 × 執行力。中國的教育界，需要培養孩子的創造力，但是更需要培養學生的堅忍不拔的精神、持之以恆的毅力、堅定不移的意志力。未來的創新者，不可能是今天在溫室裡的柔弱不堪的花朵，而是經歷過風吹雨打的小松樹。「不經歷風雨，怎麼見彩虹」。看看馬斯克在 2008 年金融危機時他的 SpaceX 公司進行火箭發射連續失敗所承受的壓力，以及他是如何挺過來的，就能明白我們的孩子在這方面要補的課還很多。而且，這種能力和特質是很難在課堂上教出來的，更多的需要到流汗流血的身體鍛鍊中去體會、到複雜多變的社會實踐中去感受、在艱苦卓絕的體力勞動中去揣摩、在瞬息萬變的政治經濟實戰中去領悟。這些，正是我們現有的教育體制所極端欠缺的。

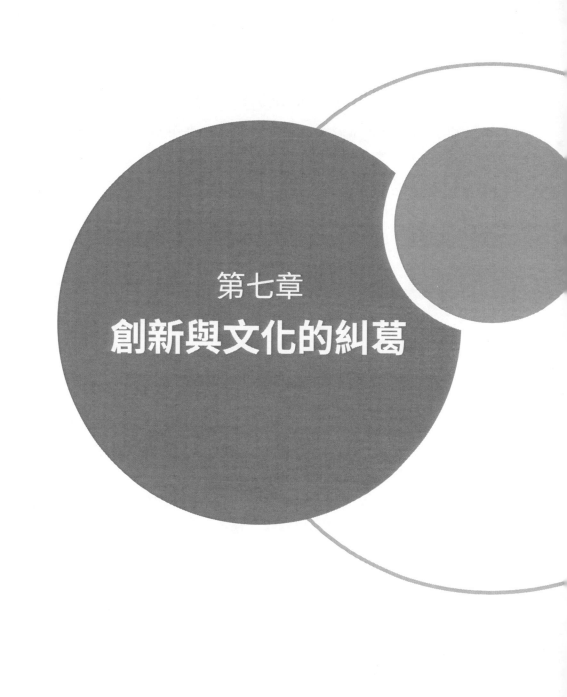

第七章

創新與文化的糾葛

第一節　創新：孤獨，還是合作？

創新者需要具有什麼樣的品格特徵？在西方文化中孕育的創新，強調獨立、自由、不懼競爭、標榜個人主義，甚至允許叛逆。但是，即使是在西方這樣寬容的文化環境中，創新者也不總是受歡迎的。很多時候，越是創新，越是孤獨。例如，在戰場上威風八面的喬治·巴頓（George S. Patton）將軍從來都是一個桀驁不馴的鬥士，但他一直不受五角大廈待見，那些坐在辦公室裡的將軍們認為巴頓是一個體制之外的怪胎。

創新的天才往往自認為看穿了一切，因此曲高和寡，甚至有可能憂鬱。梵谷先是割了自己的耳朵，後來又開槍自殺。以《老人與海》獲得諾貝爾文學獎的海明威開槍自殺。才華橫溢的《實話實說》主持人崔永元，開創中國的脫口秀新聞評論之先河，後來扮演了現代版的林海雪原孤膽英雄的角色，一直獨擎著反對基因改造食品、反影視圈避稅潛規則這兩桿大旗，也深受憂鬱症的困擾。國中時就撰寫了 30 萬字的《當道家統治中國：道家思想的政治實踐與漢帝國的迅速崛起》的「史學奇才」林嘉文，年僅 18 歲就因憂鬱而跳樓自盡。

天才能夠看到常人看不到的東西，因此倍加孤獨。這是天才的不幸。對於社會而言，重要的是營造一個良好的環境，不能「槍打出頭鳥」。盡量為天才的創新者營造一個寬鬆、良好、自由、開放的成長環境，是創新者成長的必要條件。「木秀於林，風必摧之」固然不對，「揠苗助長」也是使不得的。否則，「傷仲永」那樣的事情就會出現，天才的好苗子早晚也會「泯然眾人」。

「創新」這個詞是從西方傳來的。但是在東方的文化土壤上，長出了不一樣的花朵。

傳統的東方文化強調集體的力量。人們崇尚集體主義，很少有人把

自己看作是一個獨立的個體，要麼是家庭的成員，要麼是社會的成員。例如，中國人從小就被教育要維護集體的利益，以集體為榮。個人的力量是渺小的，集體的力量才是強大的。人們要熱愛集體，把集體利益擺在個人利益的前面，在必要的時候要勇於為了集體而犧牲自我。

在這樣的文化環境中成長起來的創新者，更習慣於在集體中工作，與他人進行合作。「一個好漢三個幫」、「三個臭皮匠勝過一個諸葛亮」，都是這種文化的寫照。

然而，在創新中，真正的合作是否存在？

創新首先需要有創意。要想拿出與眾不同甚至驚世駭俗的創意，依靠合作、集體思考行不行？

在社會中，我們一而再再而三的看到這樣的現象：一群人的思考，往往會遵循一個固定的模式，往一個固定的方向上去發展。造成這樣的原因，要麼是「羊群效應」——羊群是一種很散亂的組織，平時在一起也是盲目的左衝右撞，但一旦有一隻領頭羊動起來，其他的羊也會不假思索的一哄而上，全然不顧前面可能有狼或者不遠處有更好的草。也就是說，不管有多少人的集體，成員們總是傾向於跟隨著領頭的那一、兩個人，因為他們相信領頭人的行動總是合理的、最佳的。另一個原因是「集體壓力效應」，也就是 1953 年阿希（Solomon Eliot Asch）的從眾實驗所揭示的：個人會屈從於集體的壓力，即使他明白集體的行為是錯誤的。

當然，這兩種現象有一個相同點：群體都是由成員隨機組成的，群體缺乏有序的組織和協調。在現實中，人們嘗試著加強群體的組織和協調，從而改善這種群體思維、從眾現象，保證每個人思考的獨立性和創造性，並能夠把這些想法有系統的組合起來。

「腦力激盪」就是其中一個方法。在開會過程中，禁止批評和評論，也不要自謙；只強制大家提設想，越多越好；鼓勵巧妙的利用和改

善他人的設想；與會人員一律平等，各種設想全部記錄下來；主張獨立思考，不允許私下交談；提倡自由奔放、隨意思考、任意想像、盡量發揮，主意越新、越怪越好。所有這些原則，都是為了鼓勵自由思考、觀點交鋒，從而產生新觀念或激發創新設想。這種辦法已經在科學、工程、商業、政治等領域大顯身手。除了腦力激盪之外，還有德爾菲法（Delphi method）等辦法。總之，人們殫精竭慮，運用各種方法，就是想要挖掘每個人內心深處的創造力，把他們拼到一起，就像搭積木那樣，希望能夠提高群體決策的品質，保證決策的創造性，得到 1 ＋ 1 ＞ 2 的結果。

　　這麼看來，並不是單一的合作或者孤獨才符合創新的規律。創新需要創造性，需要天才，但是創新也需要良好的組織和體制保障。尤其是對於一個企業、一個國家，要確保創新的可持續性，需要堅強的執行力，這就更加要求出色的組織和管理。

第二節　文化大融合：創新的福音？

　　這是一個全球化的時代。星期五的早晨，一個麥肯錫諮詢公司的管理顧問在上海的辦公室裡工作；吃完午飯，他趕往浦東國際機場，乘坐飛機飛往日本東京，參加在那裡的一個企業策略諮詢專案的啟動會議；晚上十點鐘，他打開電腦，和自己在美國的女兒進行視訊通話；星期六早上，他又坐飛機奔赴莫斯科，在那裡舉行的一場國際策略諮詢研討會需要他做一個主題報告；星期日，他飛回上海，在陸家嘴和幾個朋友一起喝茶，享受一個下午的難得的休閒時光。

　　這是 21 世紀的一個普通上班族的工作日程。全球化已經深刻的影響了每一個人。企業的業務範圍全球化了，人的交際圈全球化了，連休閒也是全球化的。

　　在這樣的全球化浪潮之下，東方文化和西方文化也發生著深刻的融合。一個中國女孩，穿著英國、西班牙的時裝，身上噴著義大利的香水，手裡拿著法國的皮包，帶著從比利時買回來的巧克力作為小禮物，開著德國車來到一家美國的咖啡館，和兩個來自哥倫比亞和阿根廷的閨密聚會，聊著最新一部巴西電影的劇情，突然接到江西老家的電話，就到南京西路的服裝店裡替自己的表妹訂製了一件傳統樣式的旗袍。這個年輕時髦的中國女孩，每天她的腦子裡思考得最多的問題，究竟是中國的，西班牙的，巴西的，還是江西老家的？這樣的問題已經很難回答。

　　隨著跨文化交際的發展和經濟文化等領域的全球化，不同的文化之間也會出現碰撞摩擦，甚至統一融合。因此不同文化的匯合是大勢所趨，雖然目前集體主義是中國的主流價值觀，個人主義是西方的主流價值觀，但是不代表中國就沒有個人主義，西方國家就不存在集體主義。AA 制（平均分擔所需費用）在中國的盛行就是個人主義／集體主義兩種不同文化匯合的典型的例證。中國人，尤其是年輕人越來越接受 AA 制

第七章　創新與文化的糾葛

這種來自西方的消費方式。受西方文化衝擊的影響，他們堅信每個人都是獨立的個體，人人都是平等的。崇尚人人平等，這種價值觀也存在於買單結帳的時候，既然都是平等的個體，那麼人人平等的買單也是很自然的事情，誰都不會覺得不自在或者不好意思，誰也不會覺得這是丟面子的事情，反而是尊重個人權利和自由、展現人人平等的機會。

2006 年的德國世界盃足球賽開幕式上，東道主向全世界展示了巴伐利亞的地方風情，150 名身著德國傳統服裝的鼓手踏上綠茵場表演，同時出場的還有巴伐利亞地方著名的長鞭演出。除了巴伐利亞元素之外，只有 33 分鐘的開幕式，呈現了德國式的「冰冷機械」，可以看成是德國元素的表現。但這並不是全部。熱情奔放的現代舞蹈就展現了日耳曼人熱情、活潑、開放、多元的另一面。並且，在這屆世界盃的開幕式中，主題曲的演唱者不是傳統的日耳曼人或者白種人，而是黑人。可以說，這一次的開幕式，就是一次非常具體的多元文化相融合的展示。過去我們所熟知的德國式的「精確、樸素、刻板、嚴謹」，已經完完全全被多元文化所取代了。這一次開幕式也可以看成是多元文化融合所造就的創新。

魯迅先生說：「……現在的文學也一樣，有地方色彩的，倒容易成為世界的，即為別國所注意。」[1] 這句話流傳到今天，變成文化創新領域的一個著名論斷：「越是民族的，就越是世界的。」當然，這個定律並不是無條件的，比如這個民族是優秀的，民族的這個傳統是有特色的，這個傳統是具有價值的、積極健康的或者不存在負面效果的。在 2006 年的世界盃足球賽開幕式上展示出來的「德國精神」和「巴伐利亞文化」，就是令人喜聞樂見的。直到今天，全世界的人們也都熱衷於在每年的 9～10 月奔赴德國的巴伐利亞，體驗熱情而醇厚的啤酒節文化。

1　魯迅·魯迅全集 [M]，北京：人民文學出版社，2005, 13:81.

　　與此相對的，中國的傳統文化的保護和發揚就很難稱得上完美。一個例子就是在動畫領域，中國曾經創造出《大鬧天宮》、《哪吒鬧海》、《九色鹿》、《雪孩子》這樣技術水準精益求精、藝術內容精彩絕倫的動畫經典。然而在歐美的商業化動畫產業的輪番衝擊之下，中國的動畫片日漸式微。反觀現在的中國動畫片，例如《熊出沒》、《喜羊羊和灰太狼》，都讓人感覺暮氣沉沉，既沒有精彩的技術，也缺乏豐富的內容，既無法給予兒童起碼的生活常識教化，更談不上展現什麼積極向上的價值觀了。

　　最「中國的」動畫技術，莫過於水墨動畫。最傑出的代表是《小蝌蚪找媽媽》。1961 年這部動畫片公映，被日本動畫界稱之為「奇蹟」。雖然影片時長僅有 15 分鐘，卻將中國傳統的水墨丹青與電影技法融於一體，電影中的魚蝦蟹蛙等動物形象，都是取自國畫大師齊白石的筆下，在今天看來依然非常驚豔。這並不是用水墨來製作的動畫，只是讓動畫模仿出水墨的效果。除了背景是真正的水墨畫，其餘部分全部都是用顏色畫上去的。水墨動畫的創作過程非常繁瑣，也非常有探索性，光是著色就需要反覆渲染四、五層，完全不符合「效率」的定義，簡簡單單的每一幀，都蘊含著動畫師極大的心血。做一部水墨動畫所耗費的時間和精力，足夠製作四、五部普通動畫片了。[1]

　　1988 年的《山水情》則更上一層樓，在恬淡悠遠的畫面中融入了道家思想，再輔以古琴的樂音，把中國山水的高遠意境表達到了極致。電影中的人物和場景是由著名國畫大師吳山明和卓鶴君先生指導的。沒有比這個更「中國」的動畫片了。

　　令人扼腕嘆息的是，正是由於人力、時間和資金成本龐大，水墨動畫如今已經再也無法在螢幕上尋覓。僅僅是簡單模仿、照搬美國、日本

1　上海美術電影製片廠，再也回不來了，2017-12-21/2018-08-10.

的動漫模式和技術，使得我們的動畫片看起來毫無生氣，缺乏創新。因為缺乏工匠精神，不能持之以恆的投入，沒能堅持高舉「民族的」大旗，我們沒能繼承自己的優良傳統，我們失去了文化領域的一塊重要而寶貴的陣地，失去了在世界上的地位。跟 2006 年德國世界盃開幕式相比，我們對自己的文化缺乏信心，也缺乏繼承與創新。

　　文化融合不僅僅發生在業務拓展、商務交流、休閒旅遊這樣的日常事務，也可能借助一些非常規事件而產生。比如由於敘利亞戰爭，近幾年敘利亞難民大規模湧入歐洲，對歐洲的社會治安、宗教力量對比、政治生態、國家安全乃至思考方式等方面產生了深遠的影響。[1] 例如，在德國普通人的日常生活中，他們不得不面對更多的難民，因此他們的生活習慣、思考方式也都不可避免的發生變化。這對他們的創新有什麼影響？我們還不得而知。但是可以肯定的是，正面和負面的影響是同時存在的。德國人既可以獲得更多的來自難民的知識和文化，從而對德國的文化創意產業產生更加多元化的創意；也可能因為受到難民潮的衝擊而產生一些負面情緒和不快體驗，從而反映到藝術創作中。

1　曹興，徐希才．敘利亞難民對歐洲產生了哪些影響 [N]．中國民族報，2017-01-13(07).

第三節　李約瑟難題的文化解

　　李約瑟本人認為中國人的思維具有極大的局限性，重實用而輕分析的思考方式是中國沒有產生現代科學的重要原因。另一方面，中國人自古尊崇傳統的儒家思想，儒教強調對世界的肯定、順從和適應，而缺乏對自然探索、對世界進行改造的精神，因此無法推動現代科學的進步。

　　在中國，歷代統治者均推崇儒家文化，儒家傳統思想一直是占社會支配地位的意識形態，並且自古以來的社會習俗、道德觀念、價值觀等均以儒家思想作為指導，但儒家思想所倡導的孝悌忠信、禮義廉恥並不利於經濟的成長。儒家思想以「仁」和「禮」為核心，推行仁政，認為統治者寬厚待民，施以恩惠，有利於爭取民心，以「禮」來維持社會道德秩序。儒家思想主張經濟生活中最重要的是平均，正如孔子所說「不患寡而患不均」，認為財富不合理的分配方式有礙於社會秩序的形成。並且，中國古代長期重農抑商的經濟政策也是受到了儒家觀念的影響，以農業為本，限制工商業的發展，認為農業的生產狀況直接關係到國家的興衰存亡，是國家之大義，而發展商業會使農業勞動力流失，為國家之害。在這種意識形態的主導之下，中國不可能出現資本主義的萌芽，更無法產生工業革命。[1]

　　強調社會和諧的儒家文化在中國漫長的封建體制下一直占據意識形態的主流地位。一方面，思想上的中庸保守、社會規範上的強調秩序和行為方式上的追求穩健構成了儒家文化的核心特點，這確保了中國在漫長的封建社會期間除了階段性的朝代更替外，基本保持了社會穩定，也使得中國在前現代社會一千多年的時間裡無論經濟還是科技水準的發展路線都較為平穩，而不是像歐洲那樣大起大落，從古希臘文明的燦爛輝煌到中世紀的混亂與黑暗，再到奇蹟般的科學革命和工業文明的產生。

1　柳晨 · 制度變遷角度對李約瑟難題的解釋 [J] · 當代經濟，2015, (22):132-133.

第七章　創新與文化的糾葛

儒家文化的入世與實用性也使得中國的科學始終以實用技術發明為特點，四大發明等實用技術的發展在古代中國的確大大領先於中世紀的歐洲。[1]

然而，另一方面，儒家文化講究社會倫理秩序、講究人與自然的和諧的出發點，抑制了以質疑、求變、精確和創新為主要特點的科學革命在中國的產生。社會學家馬克斯·韋伯（Max Weber）在他的《新教倫理與資本主義精神》一書中，透過對東西方文化與宗教的比較研究，提出了西方在宗教改革以後形成的充滿理性的「資本主義精神」對近代資本主義的發展及科學革命所產生的強大的推動作用；而中國、印度等古老民族的傳統文化中的主流部分則缺少這種理性精神。

古代中國人擅長綜合性思考，遇到問題往往用混沌、陰陽等概念來解釋，「道可道，非常道」，崇尚不求甚解。我們的祖先不習慣於分析性思考，在探究事物機理的時候缺乏追根究柢的精神。而現代科學正是建立在「一分為二，二分為四」的分析思想的基礎上的。

古代中國人重運算方法而輕邏輯推理，沒有像西方那樣產生形式邏輯學的土壤，不善於做「因—果」關係的演繹。事實上，直到今天，我們也有很多人不願意費腦筋去做這種事情，不願意去做抽象化的理論研究、科學論證，而是往往依靠自己的經驗或者直覺，看到一些現象就大而化之的拿出一個結論。可以很容易發現，在現實生活中，很多時候我們都是這樣，用一句話說明原因，然後立刻就用另一句話說明結果。其實，仔細推敲，這兩句話（其實是兩個命題）之間根本就沒有邏輯上的因果關係——我們的思考其實是跳躍的。在這方面，歐洲人的確要嚴謹一些。自從亞里斯多德創建了形式邏輯的體系以來的 2,000 多年時間裡，歐洲人已經逐漸習慣了三段論、演繹推理、因果關係的思考方式。

1　孫暉·近年來經濟學界關於「李約瑟之謎」研究述評 [J]·教學與研究，2010, (3):86-91.

　　愛因斯坦就指出：西方科學的發展是以兩個偉大的成就為基礎的，那就是西方哲學家發明的形式邏輯體系，以及透過系統的實驗發現有可能找出因果關係。

　　一段時間，在中外學者身上能看到這種思考方式的影子：對於現實情況，一些中國學者總是侃侃而談，但是實質上沒有根本性的創新見解，或者是缺乏嚴格的概念界定和縝密的分析過程，大多是模仿，偶爾產生漸進式創新理論；相反，西方學者在交流時總是喜歡傾聽，並且循循善誘，想方設法套出中國學者的資訊和零散觀點，回過頭來進行嚴格的問題界定，並運用規範的研究方法進行驗證，從而產生突破性創新的研究成果，正式發表出來。說到底，他們和馬可波羅、哥倫布、麥哲倫，沒有什麼本質的區別。幸運的是，隨著近年來科學研究水準的迅速提升，許多高水準海外人才的引進，這一情況正在發生根本性的轉變。

　　古代中國人是風險規避型的，而且往往有意識的壓抑自己的冒險精神，直到今天也是這樣。我們更多滿足於小富即安，滿足於自己的「一畝三分地」。而西方人總是不壓抑自己的求知欲和野心，遇到問題、困難很少迴避，甚至有意向險而行。他們往往很少考慮風險，更多的是追求超額收益。15 世紀以來的地理大發現，湧現了哥倫布、麥哲倫等冒險家；後來又冒出了征服阿茲特克帝國的科爾特斯（Hernán Cortés）、征服印加帝國的皮薩羅（Francisco Pizarro），抵達澳洲的詹姆斯 · 庫克（James Cook）。

　　1922 年，著名哲學大師馮友蘭就在他的一篇文章中談道：「我不妨大膽的下結論，中國沒有科學，因為中國所定的價值標準，不要有任何科學……中國的哲學沒有科學求證的任何要求，因為他們所要了解的只是他們自己。」[1] 因此，古代中國的理論科學的發展一直落後於實用技術

1　孫曄 · 近年來經濟學界關於「李約瑟之謎」研究述評 [J] · 教學與研究，2010, (3):86-91.

的發展。隋唐以後的科學理論，很少超過九章算術、勾股定理、《水經注》、《傷寒雜病論》的高度，因而阻礙了現代資本主義及現代科學在中國的產生。

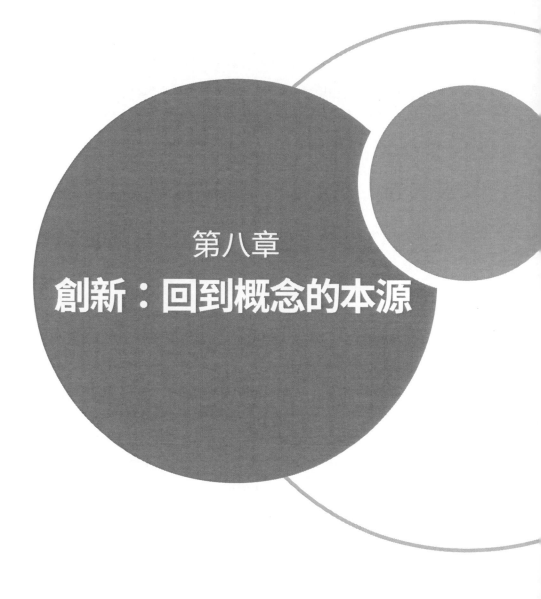

第八章

創新：回到概念的本源

第一節　創新與價值創造

創新（innovation）的概念最早起源於美籍奧地利經濟學家熊彼得（Joseph Alois Schumpeter）提出的創新理論，他在其德文版著作《經濟發展理論》中，首次提出「創新」概念。[1] 按照熊彼得的定義，創新就是一種「新的生產函數的建立」，即「企業家對生產要素的新組合」，其目的在於獲取潛在的超額利潤。創新主要包括以下五個方面：

- ◆ 引入一種新的產品或者賦予產品一種新的特性
- ◆ 引入新的生產方法，它主要表現為生產過程中採用新的工藝或者新的生產組織方式
- ◆ 開闢一個新的市場
- ◆ 獲取原材料或半成品的一個新的供應來源
- ◆ 實施一種新的工業組織或企業重組

在西方的新古典經濟學中，生產要素一般被劃分為勞動、土地、資本和企業家才能這四種類型。按照柯布－道格拉斯生產函數（Cobb–Douglas production function），決定工業系統發展水準的主要因素是投入的勞動力數、固定資產和綜合技術水準（包括經營管理水準、勞動力素養、引進先進技術等）。其中，技術水準是固定的，真正導致變化的是勞動和資本。這就等於宣判了技術進步對於經濟成長推動作用的死刑。

不可否認的是，新古典經濟學的前提是資源的稀缺性。這一原則適用於所有的資源，包括自然資源、社會資源。簡單的說，就是萬物皆有限。然而，這一理論並沒有認真考慮創新（包括技術創新）對於經濟成

1　熊彼特 (Joseph Alois Schumpeter)．經濟發展理論 [M]．北京：商務印書館，1991.

長的作用機制。持有創新觀念的學者和企業家認為，手上的創新就是重要資源，甚至可能是超越了資本、勞動力、土地這些傳統上所認為的重要資源。經濟成長最需要的是知識和技術，以及在此基礎上結合起來並應用於經濟和社會的創新。創新為經濟成長開啟了無限可能。因此，熊彼得的創新概念的提出恰逢其時，為「技術—經濟典範」的轉變打開了一扇大門。它的重點是針對經濟，討論的是生產力的提升問題。

　　進入 21 世紀，創新的外延已經遠遠超出了熊彼得當初提出的範圍。如今的創新，在本質上不僅包括以經濟成長的方式的轉變（經濟長波）為代表的「技術—經濟典範」的轉變，也包括國家和國際層面的「制度—社會典範」、「科學—研究典範」、「產業—經濟典範」的重構。創新的最終目的是要提升人類的福祉，而這種福祉並不局限於在市場上以金錢衡量的價值，而是包括了體制的升級、社會的進步、人類道德水準和治理水準的提升、科學認知的進步和突破、產業結構的升級等。就好像衡量一個人是否幸福，僅僅看他的存款數字是遠遠不夠的，而必須全面綜合的考慮他的修養、文化、快樂程度。

第二節　集約式創新與粗放式創新

　　有的旅行者發現，在西方已開發國家，尤其是在北歐、西歐等發展水準更高一些的國家，在城市的道路上行走，基本上不需要把手中的拉桿箱提起來——人行道的路面很平整，與自行車道、汽車道交匯之處設計了坡度很小的斜坡，需要上下樓梯（尤其是進出地鐵站）的地方基本都能找到上下直達的電梯，即使沒有直達電梯，也會有電扶梯（而且不論是直達電梯還是電扶梯，電梯和人行道的路面之間都用斜坡連接，沒有樓梯，從而實現了無縫銜接）。這樣一來，旅行者感受到了很大的便利。這種「旅行者友善型」的道路設計，就是一種集約式創新。

　　進行集約式創新需要些什麼要素？從短期成本來看，像人行道路的施工需要設計師進行更加精巧的設計，需要施工者進行更加細膩的、個性化的施工，還需要投入不同於標準化的原材料、設備以及特別的物流模式。這些短期成本的確上升了。然而這種上升是有限的，因為斜坡畢竟不是摩天大樓，這種工程的施工和安裝都是常規工程，所投入的原材料成本、運輸成本、人力成本與沒有這種創新的情況相比並沒有顯著的差別（畢竟，在人行道的盡頭增加一個長 20 公分的斜坡能花多少錢？）。而從長期來看，由於進行了精巧的設計、良好的施工，一旦建成，就進入穩定運行階段，不需要再投入過多的人財物的資源進行費時費力的維護保養檢修。這樣一來，事實上極大的節省了長期成本。

　　這種集約式創新的關鍵環節是在設計階段的人文關懷和精巧構思，對客戶（旅行者）的感受體貼入微的體察和共鳴。如果設計師在設計的時候沒有設身處地的為客戶著想，沒有仔細入微的對每一個細節進行精心打磨，而是為了簡單、方便、省事而忽略這些細節，那麼就不可能產生這種良好的效果。有的設計，例如家具的材料、建築物的外牆，看起來設計簡單粗糙，然而實際上在牢固性、防水性、防火性、保溫性等方

面是表現優異的。

從收益來講，這種集約式創新的收益是顯而易見的，為旅行者創造了良好的體驗，從而有可能提升客戶的忠誠度（旅行者愛上這個國家），提升客戶的支出水準（更願意在這個地方花錢消費），並創造良好的口碑（口口相傳效應）。並且，因為對周邊自然環境產生的負面影響是很小的，所以這種創新是可持續的。

類似的集約式創新的例子還有很多，尤其是在基礎設施建設、城市設計規畫、環境工程領域。比如建設資源節約型的城市和小鎮，搭建以太陽能、沼氣為能源的房屋，修建對周邊環境影響小的房屋、公路、鐵路、橋梁，修建適合老年人使用的生活設施，生產適合殘障人士使用的家用電器，採用環保材料組裝的家具等等。在德國、荷蘭、波羅的海等國家的基礎設施建設領域、產品開發領域，集約式創新是常見的。

與集約式創新相對，有的創新則是粗放的。

在內蒙古鄂爾多斯、河南鶴壁、遼寧營口等地，出現了一些新規畫高標準建設的城市新區，也叫「新城」。這些新城新區空屋率過高，鮮有人居住，夜晚漆黑一片，被稱為「鬼城」。

鬼城的出現，是中國在快速城市化階段的特殊產物。地方政府既要滿足上級政府下達固定資產投資的考核目標，又要想辦法解決人口安置、產業投資的問題，並且必須在很強的時間約束條件下完成，因此建設「新城」就成為一個簡單快捷的辦法。在這個決策過程中，快速、激進、冒險等企業家精神發揮了主要作用。並且，資源的集聚不是像拼圖那樣有系統的、協調的進行，而是類似於搭積木那樣的模組化組合。這種組合式資源集聚的好處是速度快、效率高，然而也帶來了沉沒成本高、糾錯成本高的問題，如果發現有缺陷，改進的貨幣成本和時間成本都高得令人難以承受。短期內，不需要進行精細的考量，不需要進行費時費力的地形地貌、土壤、水文、植被等環境分析，不需要具體的分析

第八章　創新：回到概念的本源

新城建成之後的居住環境、教育、醫療、購物、娛樂、交通、生產等問題，因此省去了大量的時間和設計師規畫師的人力。然而，地方政府卻不得不承擔新城建成後不能達到預期目標、從而變為「鬼城」所帶來的成本——人口遷移、缺乏維護保養、設施老化、民眾意見和批評，有的時候還不得不進行重新規劃、更改設計方案、把已經建成的道路樓房等設施推倒重來。這種長期成本的增加，對地方政府帶來了很大的壓力。而較低的設計水準，也使得很難尋覓後來的穩定入住者，項目長期的收益難有保證。由於設計、建設的步伐太快，細節考慮難以周到，所以在防雨、排水、遮陽、避風、人行道設計、道路交通規畫、生活設施選址、綠地覆蓋率等方面可能存在缺陷，從而對可持續性、環境友善性產生不良影響。

這種粗放式創新在落後國家中出現得較多，尤其是處在快速追趕階段的新興市場經濟體。曾經的山寨手機、名牌服裝的低成本仿製品都是這樣的例子。

與顛覆式創新相似，粗放式創新的短期成本較低。然而粗放式創新並不是顛覆式創新，因為其技術基礎過於薄弱、技術水準過低，因此難以在原有的技術基礎上進行更新、升級，也就難以創造屬於自己的技術軌道，並沿著這樣的技術軌道逐漸提升性能、達到滿足主流市場客戶的要求、甚至超越原有的主流技術性能。

在北歐、西歐這樣的經濟體中，比較強調經濟成長的效益，企業或個人都注重節約資源、減少能源消耗，將工作、生活等各類活動對環境的負面影響降到最低。因此，在創新路徑的選擇方面，企業傾向於進行較為充分的前期調查研究，全面評估企業自身和外部環境等各方面的綜合效益，然後再實施創新行動。人本主義、環境保護往往是這些企業在實施集約式創新時的中心思想。

在新興市場國家，在經濟快速成長、政策和市場環境變化快、市場

競爭激烈的大背景下，企業等創新主體必須在短時間內採取創新行動並力爭快速見效，而對於中長期市場需求的穩定預期是不足的。因此，能夠滿足短期需求、中低設計水準、可持續性不足的創新成為企業的首選。在一些公共建設領域，政府面臨短期內的投資約束較強，對短期政績的需求超出了長期可持續性的需求，因此政府也往往在自身主導的建設領域實施粗放式創新。在短期內，這類創新活動能夠產生較大的 GDP 增加值，對國民經濟產生明顯的刺激作用；然而在長期，由於設計的先天不足，對環境的綜合考量欠缺，因此必然產生較大的維護、保養、更新、升級的壓力，需要更多的持續投入，故而長期的效益是不佳的。

　　粗放式創新的最大價值在於，它為創新主體提供了試錯的機會（trial and error）。透過反覆的嘗試、失敗、糾錯，創新主體能夠累積經驗，逐漸提升自己的技術水準和吸收能力，逐步增強自身對項目整體的評估能力，從而為實現超越策略奠定能力基礎。然而，對技術水準的提升必須建立在對未來技術軌道的正確判斷的基礎上。只有選擇正確的技術軌道、而不是過時的、廢棄的技術，創新主體才能確保在未來的產業競爭中有自己的位置，甚至蛻變為顛覆式創新、突破性創新的執行者。

　　表 8-1 列示了集約式創新（intensive innovation）和粗放式創新（extensive innovation）的特點。

表 8-1　集約式創新和粗放式創新

評判標準	集約式創新	粗放式創新
實施速度	慢	快
短期成本	中高	中低
長期成本	中低	中高
設計水準	中高	中低
長期效益	中高	低

評判標準	集約式創新	粗放式創新
可持續性	強	弱
環境友善性	強	弱
創新主體的特質	環境友善、人文關懷	企業家精神、冒險精神
主要實施國家	已開發國家	新興市場國家
典型案例	人性化的交通設計，資源節約型的城市和小鎮，適合老年人、殘障人士使用的生活設施	「鬼城」、仿製名牌服裝、「山寨」手機

第三節 精緻式創新與樸素式創新

在傳統的創新行為中，客戶的支付能力往往是比較高的。那些創新的領先使用者（lead user）要麼是願意花高價購買那些能夠為他們帶來更多功能、更高價值、更好性能的產品，要麼是願意出錢去體驗過去從未有過的新鮮服務。

為此，企業願意投入高額的研發成本、聘請資深的研究人員、承擔龐大的資源消耗，從事創新活動。為了滿足眼光日益挑剔的客戶對於創新產品、服務的日益成長的需求，創新者不得不在創新設計方面越來越殫精竭慮、思考入微。他們必須把系統設計得越來越複雜，而且同時還要把細節設計得越來越精巧。每一個環節都必須完美無瑕、嚴絲合縫，否則整個系統就不可能良好的運轉。這樣的創新設計所造就的產品或服務，是精緻的，每一個細節都做到了完美或者極限。這樣做的結果，當然是能夠為客戶提供更好的產品、更好的服務體驗。然而伴隨而來的必然是生產成本的增加，以及維護成本的增加。

作為精緻式創新的代表，特斯拉汽車（Tesla）推出的純電動豪華轎車 Model S、智慧的全尺寸運動型多用途車 Model X、價格更低廉的 Model 3，廣受市場歡迎。特斯拉汽車的卓越性能在很大程度上是來自於其整體和細節的設計，對動力系統、安全系統、智慧操控系統，乃至汽車外形和內部裝飾的設計都做到了精益求精。尤其是在汽車外形的工業設計上，特斯拉與蘋果手機有異曲同工之妙，二者都是追求完美主義的傑出代表。

2006 年，特斯拉汽車的 CEO 艾伯哈德（Martin Eberhard）在特斯拉官網中寫道：「特斯拉汽車是為熱愛駕駛的人們打造。我們不是為了最大限度降低使用成本，而是追求更好性能、更漂亮的外觀、更有吸引力。」

第八章　創新：回到概念的本源

　　當然，這些創新並不是免費的。精良的設計和工藝也就意味著價格水漲船高。在中國，一輛 Model S 售價一度達到人民幣 147 萬元，一輛 Model X 的價格更是一度達到人民幣 157 萬元（現在已經大幅降價）。

　　然而，傳統的、已開發國家中的那些創新帶來的資源高消耗和功能過度豐富化是被新興市場中的消費者所詬病的。在資源匱乏、經濟不發達、人民生活水準普遍不高的新興市場經濟體，有近 40 億消費者的年消費額少於 1,800 美元（約人民幣 1 萬元），他們的消費能力很有限，他們一個人一輩子的開銷存起來也不一定買得起一輛 Model X。他們被稱為 BoP（Bottom of Pyramid）消費族群。他們對產品的需求較為簡單。他們不需要 Model X，他們需要的甚至也不是福斯汽車的 SANTANA。如果他們要買一輛車，他們不需要炫目的音響、華麗的外觀、強勁的動力、甚至起碼的安全系統。他們需要的——如果說比一輛自行車稍微現代化一點——那就是一輛具有最基本駕駛功能的汽車：耐用、輕便、靈活便捷、人性化設計、簡單、容易買到、容易維護、適用、使用當地資源，當然還有最重要的——買得起！

　　特斯拉是做不到這些的。國際上大多數汽車生產企業透過傳統方式所生產的汽車型號都不可能滿足 BoP 消費者的需求——想一想，這些人為一輛車只能付得起人民幣 2 萬～ 3 萬元。這樣的車生產出來，不虧本才怪！所以大多數汽車企業沒有積極性去開發這樣的車也就不奇怪了。

　　2009 年，印度 TATA 集團推出了 Nano。這輛汽車嚴格說起來只是一輛可以遮風避雨的四輪機車，車身上到處都是低價布料與硬質塑料。全車的配置簡單到了極致，一個字——省！ 600c.c. 的排氣量，沒有收音機，沒有空調，沒有動力輔助轉向，沒有保險桿，輪胎中沒有內胎，後視鏡只有一個，雨刷只有一個，安全氣囊甚至也省掉了！ Nano 堪稱史上最便宜的車款，當時的售價只需要 5,000 美金（約人民幣 2 萬元）。

　　Nano 汽車是樸素式創新的典型。它的開發速度快，開發週期短，

設計水準低，資源消耗少。在消費者的成本投入方面是相當有優勢的，然而收益也不可能比精緻式創新高。它更適合於收入水準低的 BoP 消費者。從根源上來講，其實它反映了創新者的「湊合」、「將就」的態度。這不僅僅是創新者主觀的選擇，而且也是由於所在地區的市場狀況、文化、思考方式的真實反映。正是由於消費者的支付能力較低，因此在開發產品的時候，企業也不可能選擇「最優方案」，而不得不選擇「最合適方案」，而這種「退而求其次」、「委曲求全」的辦法，毫無疑問是市場選擇的結果。

Nano 汽車並不是樸素式創新的唯一代表。早在 20 世紀末，中國南方就已經用「山寨」手機詮釋了樸素式創新可以獲得多大的成功。運用聯發科的晶片，再加上模仿名牌手機的外觀設計，「山寨」手機以其低廉的價格、「足夠用」的性能贏得了數以百萬計的中國消費者。

然而，當新興市場經濟體逐步實現產業升級，其龐大的本國國內消費者的收入水準和支付能力也日益提高，那麼 BoP 市場的縮小就在所難免。越來越多的消費者日益傾向於選擇精緻式創新，而不再是樸素式創新。這就必然導致原有的樸素式創新的產品逐漸被市場淘汰，原有的技術路徑被摒棄。對於廠商而言，這就意味著建構新的技術路徑、技術平臺、研發體系，轉換創新理念和文化，這也就意味著較高的轉換成本。事實上，在這種情況下，很多原有的樸素式創新很有可能被市場所淘汰。在 2018 年 6 月，Nano 汽車在整個印度市場只賣出一輛。TATA 已經宣布 Nano 將會在 2019 年正式停產，未來也不會有任何新車型的開發計畫。[1] 類似的情況在「山寨」手機市場已經出現過了。越來越多的中國消費者選擇購買昂貴的品牌手機，而不再青睞價格低廉但是在品質、性能、功能、做工、安全性等方面都不如人意的「山寨」貨。

1　有評論指出：人們買汽車就是希望「能夠享受開汽車帶來的感覺」，而不只是為了要有一輛車而買。他們寧願買不起，也不願意買一輛「擺明就像是給買不起的人所粗製濫造的汽車」。

表 8-2 列示了精緻式創新（exquisite/sophisticated innovation）與樸素式創新（frugal innovation）的特點。

表 8-2　精緻式創新和樸素式創新

評判標準	精緻式創新	樸素式創新
實施速度	慢	快
資源消耗	多	少
短期成本	高	中低
長期成本	中低	中低（轉換成本高）
設計水準	高	中低
收益	高	中低
消費者的收入水準	高	中低
創新者的特質	工匠精神、精益求精、力求完美	「湊合」、「將就」、不求甚解
主要實施國家	已開發國家、中國	中國、印度等發展中國家
典型案例	特斯拉汽車、iPhone、AlphaGo、Kuka 機器人、「天河」超級電腦、中國餐飲業	Nano 汽車、「小小神童」洗衣機、「山寨」手機

在一些情況下，集約式創新和精緻式創新是相互交織的。

每年夏天，常有暴雨導致城市淹水的新聞，例如北京。而在山東省青島市的老城區，德國人在一百多年前修築的下水道工程至今還能運轉流暢，保證老城區不積水、不倒灌、不淹水。令人嘆為觀止。

首先，這些下水道實現了雨汙分流，也就是廚房廁所排的水走一條路，雨水單獨走另一條路，這在很大程度上緩解了雨水通道的壓力，減

少雨水通道被堵塞的機率。具體來說，這些下水道分為雨水下水道（防淹水）、汙水下水道（排出沖水馬桶等產生的生活汙水）與混合下水道（雨水、汙水共用）三種。其次，建築的強度很高。在初期，鋪設下水管道所用的水泥、鋼筋都來自德國，而鋪設的下水管道尺寸之大（達到2公尺×2公尺），甚至開個大廂型車進去都綽綽有餘，連德國人都稱之為「怪物」。下水道裡的空間相當大，小孩子經常鑽進去「探險」，進入下水道的末端。過了這麼多年依然在使用中，足夠說明當年建造者對工程的要求有多麼嚴格。第三，系統的設計精巧。下水道裡有一些蛋形陶管，至今難以砸破，而後來安裝的管道則早已經鏽跡斑斑。還有一種被稱為「雨水斗」的機關。這種雨水斗的橫截面呈「h」形，可在雨水進來後將髒物沉澱到左邊的「斗」中，而質量較輕的雨水則順著右邊的管道排走。如此一來，雜物既容易清理，也不會造成整個排水管道的堵塞。與這個「雨水斗」搭配的，還有一種特製的清除器，形如蒼蠅拍。該物品頭部可以活動，由一根繩索連接著根部。只要輕輕一拉，清除器的網狀頭部就可以自由活動，將「雨水斗」中的雜物輕易取出。目前，在青島老城區有上百個百年前「古力蓋」（人孔蓋）仍在使用中，並且烏黑光亮如新，極少有鏽蝕痕跡。而之後新加的中國國產人孔蓋，多年間已換過了幾批，顯示出鑄造品質的差異。細節也是古力蓋的一大長處：德式的雨、汙水人孔蓋不僅有符號標明，還有大小之分，雨水蓋大，汙水蓋小。而中國國產市政人孔蓋大小一樣，區分不明顯，一線工人常會裝錯。最後，在青島建城100週年的時候，青島方面和德國公司（不是原建築公司，是原建築公司被收購之後的新公司）聯絡過，對方還能拿出當年的建設平面圖和說明。工作做得如此精細，毫無疑問，這一創新是精緻的，可以稱得上精品，甚至藝術品。

　　有研究指出，青島之所以能夠在當時被建設成為一座亞洲最超前的花園城市，與德國政府所提供的鉅額資金補貼關係甚大。「撥給這塊小

第八章　創新：回到概念的本源

小租借地的補貼總計達到 1.74 億金馬克。」如 1905 年批准了 30 萬金馬克經費，1906 年是 20 萬金馬克，1907 年是 34 萬金馬克，1908 年是 14 萬金馬克。德治青島 17 年間，至少投入了約 600 萬金馬克。「由於建下水道系統產生的高昂費用，（工程結束）之後幾年仍有爭論，並招致『建造過於大手大腳和花錢多』的批評。」[1] 這麼看來，這項工程似乎過於昂貴了。下水隧道尺寸過大，使德治青島城區的防淹水能力遠超過其實際所需，浪費是顯而易見的。

然而，浪費與否，不應當僅僅看支出。從收益來看，青島的下水道系統，其先進程度，遠遠超過了當時西方各國在華的其他租界區。1911 年 9 月，一場颱風在華北造成了可怕的毀壞，但在青島造成的損失卻很小。1914 年，日軍占領青島。對德國的城市建設，日本人給予了很高的評價。具體到下水道系統，日本媒體曾感嘆「它們如此完美」。這座「德國模範殖民地」的市政規畫，成為日本政府模仿、學習的對象。日治期間，青島城區有很大的擴展。擴展部分的下水道系統，仍沿襲德國舊制。1922 年，中國北洋政府收回青島，其治理維持到 1928 年，期間亦對青島城區有所擴展，但是相應部分的下水道同樣沿襲了德國舊制。南京國民政府時期，青島城區繼續擴張，其下水道建設還是因襲了德國舊制。這麼多年下來，對這套下水道系統的維護、保養所產生的開銷，遠遠低於對其他地區的排水系統的維護保養費用。所以，就總成本而言，青島老城區的這套排水系統是不昂貴的，更不要說它在城市排汙、防汛方面的重大功績了，除了經濟效益，還有極大的社會效益。因此，綜合而言，這一創新也是集約式的。

青島的排水狀況優良，固然有青島城市的山地丘陵地勢和近海地理位置方面的優勢，也有青島市強有力的排水維護與應變機制的因素，還

1　[德] 托爾斯藤・華納・近代青島的城市規劃與建設 [M]・青島市檔案館，編譯・南京：東南大學出版社，2011.

有青島整體降雨量比較平均的原因，但是綜合來看，德式排水系統是功不可沒的。

第四節　情趣式創新

在當前的中國，生產製造領域的創新鮮為人知，但是在以餐飲、娛樂為代表的服務業卻有很多有趣的創新。

中國的餐飲文化源遠流長。「民以食為天」，中國人把餐飲看得很重要。不論是親朋好友相聚，還是生意夥伴會談，到什麼樣的地方吃什麼樣的飯菜都是非常講究的。傳統的川、魯、蘇、粵、閩、浙、湘、徽這八大菜系已經不足以令中國人滿足。於是新的菜品不斷的湧現出來。

有的餐廳把菜餚放在各式各樣的模型當中，例如汽車模型、留聲機模型、甚至地雷模型……這些新花樣，令食客們拍手稱奇，也感受到了傳統的「色香味」三要素之外的情趣，從而胃口大開，食欲更佳。

重慶火鍋中的「九宮格」，把一個鍋分成九個格子，既可以讓不同的食客吃，每一個人占用一個格子，也可以根據中心格、十字格、四角格的不同溫度、不同湯頭濃度來烹煮不同的葷素菜品。隨著火鍋在全中國的盛行，「九宮格」也走出山城，被各地食客所追捧。後來，「九宮格」甚至被借用到了管理學理論當中，在策略管理、人力資源管理、專案管理等方面都發揮了作用。

在雲南米線、福建沙縣小吃、重慶小麵、陝西麵館裡，牆上往往張貼著大幅的宣傳畫或者詩歌，主題不外乎三個：菜系的歷史傳承、菜餚的營養價值、菜餚的花邊故事。這樣不僅僅使客人在吃飽飯的同時還能了解一些相關的知識，也能使客人對這些菜餚的認識更豐富、更深入，並且從心底更加認同和喜愛這些菜餚，從而拉近了兩者的距離。有的奇聞軼事甚至從餐桌上流傳開來，成為大眾喜聞樂見的談話內容，提升了消費體驗。

中國人的娛樂比較純粹，除了撞球、電子遊戲、影視劇之外，不外乎唱卡拉 OK、打麻將、打撲克牌、廣場舞。其中，卡拉 OK 比較適合於

年輕人。但是人數往往太少，怎麼辦？於是有人發明了單人或雙人使用的「友唱」，用一個三平方公尺的小隔間，滿足消費者零碎時間的娛樂消費需求。

甚至在如廁這個問題上，中國人也發明了新鮮花樣。在很多廁所的牆上，都有各式各樣、五花八門的張貼畫，內容千奇百怪，令人大開眼界。有的富有哲理：「人不能兩次踏入同一個洗手間。」有的在充滿激動情緒的同時也提醒了人們愛護衛生，有的乾脆寫上一則小笑話。

有的洗手臺的鏡子被設計成優雅的蘋果手機的樣式，令如廁者的自我感覺瞬間良好起來。

在上海虹橋火車站，廁所甚至步入了資訊化時代——在一塊大螢幕上，用紅色和綠色的小方格清楚的顯示了每一間廁所是否處於「被使用」的狀態。

這些創新充滿了生活情趣。它們的價值並不在於真的為消費者提供了多麼豐富的實用功能——基本的餐飲、唱歌、廁所的功能都已經本來就嵌入在這些服務之中。這些創新的不同之處在於：他們透過微妙的心理暗示，使消費者在享受這些服務的同時具有更好的情緒、更輕鬆的心態，從而提升使用者經驗。正面情緒、樂觀精神是可以在人與人之間傳遞的。透過更多的這些「情趣式創新」或者說「樂觀式創新」，在這些消費者族群中產生良好的口碑效應，從而提升消費者的愉悅感和幸福感。從這個角度來說，這種獨具中國特色的「情趣式創新」在當前的時代是頗有現實意義的。

第五節　中國創新在世界上的地位

中國人的民族自尊心和自豪感是很強烈的。一旦談起四大發明，或者漢唐時期的輝煌，每個人胸中彷彿都充盈著無限的活力。隨著國力的增強，這種自尊心和自豪感也變得越來越突出。然而，當中國要與已開發國家進行綜合國力比較的時候，又往往跌入一種失落和自慚的境地，因為中國很難拿出與美國的基礎研究、德國的工程機械、日本的電子產品、北歐的福利制度相媲美的東西。

其實，這種認知的割裂，以及由此產生的內在的不調和，在很大程度上是由於中國對自身的創新還沒有形成一個正確的觀察視角。從一個合理的視角來審視中國的創新，對於準確的掌握自身所處的位置，並且在今後更好的推展創新工作，具有重要的意義。

一、古代中國的創新

中國是四大文明古國之一，並且是僅有的古代文明沒有中斷、完整的延續至今的文明古國。西元 1840 年之前的中國人，屬於世界上最富有創新精神、最勇於創新實踐的人群。

在哲學方面，先秦時期的老子、孟子、莊子、荀子、韓非子等，各自提出了較為樸素的哲學理論，與古希臘哲學遙相呼應。後世的董仲舒、朱熹、王充、王守仁、黃宗羲、王夫之等在前世的基礎上逐步完善了哲學理論。

在科學[1]方面，張衡、僧一行、郭守敬、徐光啟等人在數學、天文學、曆法方面做出了具有世界領先水準的研究成果。祖沖之在人類歷史上首次將「圓周率」精算到小數點後第七位。沈括是百科全書式的科學

1　科學是關於自然世界的知識，包括科學方法建立，自然現象的系統性觀察和解釋，其原理的研究。

家，他的《夢溪筆談》被稱為「中國科學史上的座標」。

在技術[1]方面，春秋戰國時期的魯班發明了鋸子、曲尺、墨斗多種工具器械。戰國時代，李冰主持修建了都江堰水利工程，使成都平原成為沃野千里的天府之國。蔡倫發明了造紙術，畢昇發明了活字印刷術，加上指南針和火藥，成為世界知名的四大發明。在兩千多年前的秦朝，就修建了長城以抵禦匈奴的入侵，並修築了直道，建立了全國一體化的交通系統，這兩項工程的龐大和精密也是舉世罕見的。

在經濟產業界，春秋時期的管仲是最早的重商政策倡導者，他「輕重魚鹽之利，以贍貧窮」，「相地而衰徵」，「山澤各致其時」，使齊國「通貨積財，富國強兵」。范蠡「累十九年三致金，財聚巨萬」，但他仗義疏財，從事各種公益事業，獲得「富而行其德」的美名。呂不韋以「奇貨可居」聞名於戰國，他最大的成就是透過偷梁換柱之計，輔佐秦始皇登上帝位，自己則任秦朝相國，並組織門客編寫了著名的《呂氏春秋》，他獨具匠心的運作，成就了世界歷史上絕無僅有的「商人謀國」的創新。

在教育方面，孔子、墨子、孟子、董仲舒、朱熹、王守仁等，都是中國古代著名的教育家。孔子開創了私人講學風氣，在全世界的教育學領域具有舉足輕重的地位。嶽麓書院、白鹿洞書院、嵩陽書院、應天書院合稱中國古代四大書院，古代中國用這種獨具一格的傳承方式培養了大量的人才。

在文化藝術方面，中國古代湧現出了一大批文人騷客。在文學家、詩人當中，最耳熟能詳的名字包括：屈原、司馬遷、李白、杜甫、白居易、陸游、歐陽修、蘇軾、曹雪芹、羅貫中、吳承恩、施耐庵、蒲松齡……除此以外，古代中國還擁有眾多風格獨特、舉世無雙的文化活動：

1　技術是運用知識（包括科學知識）解決生活和工作中問題的技巧，包括為此發明的有用的工具和方法。

包括京劇、川劇、黃梅戲、越劇等在內的龐大的戲劇體系，包括筆墨紙硯、行草隸篆在內的書法體系，水墨丹青的國畫，此外還有瓷器、漆器、篆刻、剪紙、皮影、雕塑、刺繡、絲綢、民族樂器等等。在獨特的漢語言文化體系的孕育下誕生和演化的五光十色的文化活動形式，使得中國文化在全球具有獨一無二的魅力。[1]

　　在軍事方面，中國古代風起雲湧的戰爭活動造就了一大批軍事家。春秋末期，孫武率兵 6 萬打敗楚國 20 萬大軍，攻入楚國郢都，他的《兵法十三篇》是中國最早的兵法，他是中國軍事理論的奠基者，中國古代軍事謀略學的鼻祖，被後世譽為「兵聖」。軍事思想「謀戰」派代表人物韓信，善於靈活用兵，最終用「十面埋伏」擊敗了項羽。三國時期，諸葛亮作「隆中對」，出山後火燒博望坡、火燒新野、火燒赤壁，奠定了三分天下的局勢，又幫助劉備攻取西川，隨後南征蠻夷，北出祁山，嘔心瀝血，鞠躬盡瘁，被後世奉為楷模。白起、李世民、岳飛、成吉思汗、朱元璋、鄭和、戚繼光、努爾哈赤……不得不說，錯綜複雜的政治軍事形勢、氣魄宏大的戰爭規模，使得中國古代的軍事理論和軍事實踐在全世界都是首屈一指的。

　　在醫學方面，戰國時期的扁鵲是中醫學的開山鼻祖，他創造了望、聞、問、切的診斷方法，奠定了中醫臨床診斷和治療方法的基礎。東漢末年，華佗擅長外科，「麻沸散」的使用是世界醫學史上最早的全身麻醉，還發明了「五禽戲」。東漢張仲景所著的《傷寒雜病論》是人類醫藥史上第一部「理、法、方、藥」完備的醫學典籍，他第一次系統完整的闡述了流行病和各種內科雜症的病因、病理以及治療原則和治療方法，從而確立了「辨證論治」的規律，奠定了中醫治療學的基礎，因此他也被尊為「醫聖」。唐初的孫思邈被尊為「藥

1　有科幻作家甚至認為，華語與生俱來的模糊性，使其在地球人與外星高等生命的生死攸關的爭鬥中將發揮關鍵性的作用。

王」，一生致力於醫藥研究工作，著有《千金方》，創立臟病、腑病分類系統。明代的李時珍參考歷代相關醫藥及其學術書籍八百餘種，結合自身經驗和調查研究，窮搜博採，歷三十年，三次易稿而成藥物學的總結性巨著《本草綱目》，這是中國醫學史上一大巨著，被稱作「東方醫學的巨典」。中國的醫藥體系在這些醫學家的努力之下逐漸建立和完善起來，時至今日，不能不說是人類創新文明寶庫中的一顆獨特而奇麗的寶珠。[1]

在政治體制變革方面，中國古代從來不乏勇於為變法而冒風險之人。戰國的商鞅變法，獎勵耕織，廢除特權，推行連坐，統一度量衡，透過嚴刑峻法成就了強秦。北魏孝文帝順應歷史潮流，政治上整頓吏治，實施俸祿制度，嚴懲貪贓枉法，經濟上實行均田制，完善農村基層政權，又遷都洛陽，穿漢服，說漢話，改漢姓，並提倡與漢族通婚，加快了民族融合的步伐。北宋的王安石制定和實施了諸如農田水利、青苗、免役、均輸、市易、免行錢、礦稅抽分制等一系列的新法，從農業到手工業、商業、軍事、教育，從鄉村到城市，展開了廣泛的社會改革。自上而下的變革，在中國的政治體制創新中扮演著重要角色。

如果僅看科學和技術領域，從新石器時期到西元前 800 年（中國鐵器時代開始之前）的幾千年，中國先民們的主要貢獻是在農業技術方面。春秋戰國和秦時期（西元前 800 年～ 200 年）的 600 年，技術活動比較活躍，主要貢獻在居家生活用品和工具方面。四大發明中的紙和羅盤（指南針的原型）誕生在這個時期。漢朝至南北朝（西元前 200 年～ 600 年）的 800 年，主要技術貢獻在一些生活用品和生產工具。唐、宋時期（西元 600 ～ 1300 年）的 700 年，主要技術貢獻是工業技術和工

1　時至今日，中國還有很多人對中醫、中藥提出質疑甚至謾罵。這對於中醫是極大的不公。

第八章　創新：回到概念的本源

具。四大發明中的火藥和活字印刷都在這個時期趨於成熟。然而，自宋朝之後，中國的科技創新幾乎完全停滯，尤其是在明清時期大大落後於西方。[1]

　　如果單純以科學研究成果是否處於世界領先水準而論，在兩千多年的時間跨度中，中國居於世界絕對領先地位的科學成就確實很少（而且主要集中在天文學方面，觀察和記錄了很多天象，但在其規律研究方面少有科學建樹）。另外一個不能被忽視的問題是，這些成果大多是少數人偶然和孤立的成果，以經驗性、觀察性為主，在這些偉大學者之後，幾乎沒有人繼續他們的工作。相比之下，歐洲從古希臘時期以來，科學研究往往能夠形成學派，每個學派有自己的研究典範和研究重點，採用「假說—實驗—理論—驗證」研究模式，並用數學作為核心工具，從而有可能提出新的典範，形成「科學革命」。

　　然而，要知道古代可沒有全球一體化的概念，也沒有什麼像樣的資訊交流，甚至連標準化的文獻資料庫都沒有。帕米爾高原—青藏高原將以中國為主的東亞文化圈和包括了波斯、阿拉伯、土耳其、古希臘、古羅馬等環地中海世界的西方文化圈隔離開來。在那樣的情況下，僅僅依靠一條若即若離的絲綢之路，東方和西方文明體系之間是完全無法展開有效的學術交流的。因此，各自的科學研究活動基本上是獨立進行的，各種科學研究成果也基本上是獨立獲得的。考慮到那樣的情況，在清朝以前中國的很多科學研究成果，即使不具有世界領先水準，然而卻是在完全獨立的、沒有參考其他文明的科學研究成果的情況下做出的，因此仍然完全可以稱得上具有顯著的創新性。實際上，歷史上中國擁有大量的科學成就，中國自身都不曾重視，甚至很長時間以來都沒有人意識到

1　董潔林，陳娟，茅莉麗．從統計視角探討中國歷史上的科技發展特點 [J]．自然辯證法通訊，2014, 36(3): 29-36.

這些成就的存在。[1]

在技術方面，全球的技術交流在古代比科學交流要廣泛和深刻得多，這主要是得益於陸上絲綢之路和海上絲綢之路（這恐怕也可以稱得上創新）。商人、探險家、江洋大盜把技術有意或無意的進行了傳播。中國的技術創新主要分布在絲綢陶瓷等居家用品、農用和手工業工具，早期也有一些軍事武器、天文觀察工具等。新石器時期和農業革命時期中國的先民在技術創新方面比較活躍。宋朝之後，技術創新就幾乎完全停滯。另外，與西方史書中科技創新者的名字和故事被生動記載的傳統很不同的是，中國很少有關於技術發明者的記載（秦漢時期還有一些，從唐宋以後便非常稀少），這一事實凸顯發明家、技術人員在中國社會地位低微。這是必須正視的。

然而，創新不僅局限在科學和技術領域。如果綜合教育、文化藝術、軍事、政治變革等非科技領域來看，實際上中國的創新活動一直在延續，即使是在宋朝之後也一直在世界上獨樹一幟，例如獨特的紅頂商人、文學、繪畫、戲曲等。在 21 世紀，這些領域反而經常被冠以比「科技創新」更高的頭銜，比如「商業模式創新」、「文化創意產業」。現如今，這樣的創新正在美國、歐洲大行其道，大有風頭蓋過科技創新之勢。的確，儘管科學技術的進步是人類文明前進的重要動力，但是不可否認的是，新的制度、新的思想、新的文化形式，對於推進社會文明也具有不可忽視的力量，有的時候甚至是比科學技術更加重要的力量。以這樣的觀點來看，中國在各個領域的創新實際上是很全面的。如果能夠按照今天的商業模式進行全面布局、合理規劃，尤其是大做廣告的話，

1　在這方面，李約瑟等著的 7 卷 30 餘冊《中國科學技術史》（*Science and Civilization in China*）是一座歷史的豐碑。他糾正了很多早期學者認為「中國沒有科學和技術發明」結論，也開啟了中國和西方科技發展史的比較研究視角。有學者用統計的方法來整理關於中國歷史上科學創新的統計資料，並與幾個主要文明體系在一些歷史橫截面進行比較。可是這樣單純以科學研究水準來衡量創新、不考慮文明體之間的獨立性，可能是有失偏頗的。

那麼很可能在明朝就出現全世界追逐京劇明星而不是好萊塢明星、以擅長中國書法為榮而不是爭先恐後的學習英語、街頭巷尾談論的不是電影《不可能的任務》（*Mission: Impossible*）而是中國古典小說四大名著的情形了。

二、近代中國的創新

　　1949 年之前的近代中國，積貧積弱，千瘡百孔。就是在這樣的環境下，也有許多的有識之士在各自的領域奮鬥，做出了具有開創性的工作。

　　在哲學方面，胡適的《中國哲學史大綱》第一次突破了千百年來中國傳統的歷史和思想史的原有觀念標準、規範和通則，成為一次典範性的變革，給予當時學術界破舊創新的空前衝擊。章炳麟、馮友蘭等也是著名的哲學家。

　　在科學方面，嚴復翻譯了《天演論》等西方學術名著，率先把西方的科學理論引入中國，成為近代中國開啟民智的一代宗師。

　　在技術方面，鐵路工程專家詹天佑主持修建了京張鐵路，這是中國首條不使用外國資金及人員、由中國人自行設計、投入營運的鐵路，也培養了一大批專業工程技術人才。建築大師梁思成為文物建築保護做出了極大的努力，是研究「中國建築歷史的宗師」。

　　在經濟產業界，清末洋務運動中，以曾國藩、李鴻章、左宗棠、張之洞為代表的洋務派官員，以及胡雪巖、葉澄衷等商人，提出了「中學為體、西學為用」的原則，創辦了江南製造總局、福州船政局等軍工企業，以及萍鄉煤礦、開平煤礦、漠河金礦、輪船招商局、電報總局、上海機器織布局等官督商辦企業。洋務運動在中國掀起了以富國富民為主的重商運動，使中國的現代化商業萌生並漸漸成長，催生了資產階級，發展了無產階級。

在教育方面，近代中國湧現出了像蔡元培、陶行知、黃炎培、梅貽琦等大教育家。在抗日戰爭時期，條件簡陋的西南聯合大學卻因為擁有朱自清、聞一多、梁思成、馮友蘭、錢穆、錢鍾書、華羅庚、費孝通、趙九章、林徽因、吳晗等大師，以及「內樹學術自由，外築民主堡壘」的導向，培養了一大批優秀學生，包括兩名諾貝爾物理學獎得主、近百名中國科學院和中國工程院院士、4名中國國家最高科學技術獎，為中國以及世界的發展做出了不可磨滅的貢獻。

在文化藝術方面，近代中國雖然面臨內憂外患，然而驚濤駭浪卻孕育了重大的思想變革。著名思想家胡適、陳獨秀、李大釗以倡導白話文、領導新文化運動聞名於世。一大批具有新思想、新觀念、勇於創新的文學家登上歷史舞臺：魯迅的文字辛辣尖銳、濃黑悲涼，既憤世嫉俗，又悲天憫人，刺痛了億萬國民久已麻木的神經，催人奮進，發人深省；老舍善於準確的運用北京話表現人物、描寫事件，使作品具有濃郁的地方色彩和強烈的生活氣息；周作人最早在理論上從西方引入「美文」的概念，提倡文藝性的敘事抒情散文，對中國現代散文的發展產生了積極的作用；曹禺的戲劇作品具有強大藝術感染力，其處女作《雷雨》被公認為是中國現代話劇真正成熟的象徵；錢鍾書學貫中西，在當代學術界自成一家，長篇小說《圍城》風格幽默，內涵充盈，兼以理勝於情，成為現代文學經典……在這一大潮中也不乏特立獨行的弄潮兒，比如李宗吾自詡為「厚黑學宗師」，認為「厚而無形黑而無色」乃是厚黑的最高境界，實際上開啟了對國民性反思的思辨之路；李敖「以玩世來醒世，用罵世而救世」，以其雜文反封建、罵暴政、揭時弊，呼籲政治民主，鼓吹言論自由。

在軍事方面，中國近代湧現了一大批卓越的軍事家。曾國藩、左宗棠是晚清軍事近代化的奠基者之一。蔡鍔在軍隊建設方面有卓越主張，在反對袁世凱的戰鬥中以迂迴包圍戰為特色。粟裕在組織大兵團作戰

中，用兵靈活，「愈出愈奇，越打越妙」，在孟良崮戰役中先是誘敵深入，隨後虎口拔牙，創造了「百萬軍中取上將首級」的經典戰例；在淮海戰役中以不拘一格的圍追堵截方式擊敗了對手，書寫了 60 萬戰勝 80 萬的奇蹟。

在政治變革方面，康有為、梁啟超等愛國志士發起戊戌變法，倡導學習西方，提倡科學文化，改革政治、教育制度，發展農工商業等，雖然屢次失敗，卻對社會進步和思想文化的發展、促進中國近代社會的進步產生了重要推動作用，譚嗣同更是留下「我自橫刀向天笑，去留肝膽兩崑崙」的千古絕唱。中國民主革命偉大先行者孫中山，畢生倡導三民主義，身體力行，推翻清朝，粉碎袁世凱的復辟，堅持民主、共和救中國的信念與理想，為了改造中國耗盡畢生的精力，也為政治和後繼者留下了堅固而珍貴的遺產。

整體而言，近代中國，在科學技術方面的創新乏善可陳，在產業創新方面勉為其難，不過在教育、文化、藝術、軍事、政治方面，則湧現了一大批具有鮮明時代特色的創新人物和創新成果。大浪淘沙，百煉成鋼。在國家危亡、民族羸弱的時刻，民主思想成為拯救中國的希望。正是民主思想孕育了那些創新活動，使得最傑出的創新者在時代的狂風暴雨、驚濤駭浪中脫穎而出，成為挽狂瀾於既倒、扶大廈之將傾的中國崛起的棟梁。在這個意義上，那一段百家爭鳴的時期，對中國的科學創新、技術創新、產業創新，可以說是最壞的時代；然而對中國的體制變革、文化發展、思想重塑而言，也可以說是最好的時代。

三、現代中國的創新

現代中國正在致力於建設創新型國家。在各種會議、文件、報告中，創新已經成為最奪人眼球的關鍵字。在各個領域，創新活動風起雲湧。

在科學方面，中國湧現了航太與導彈專家錢學森、氣象學家竺可楨、地質學家李四光、核物理學家錢三強和鄧稼先、數學家華羅庚和蘇步青、建築學家梁思成、物理學家朱光亞等、量子通訊專家潘建偉等世界著名的學者。然而，多年以來中國大陸本土學者沒有諾貝爾獎的尷尬現實，說明中國在基礎研究領域的體制機制還存在很大問題。這個問題並沒有隨著藥學家屠呦呦獲得諾貝爾獎而得到根本解決。

在技術方面，袁隆平的雜交水稻技術解決了中國 13 億人的糧食問題，徐舜壽是中國飛機設計研製的開拓者。借助於國家整體資源，中國自行研製的火箭、彈道飛彈、原子彈氫彈，獲得了卓越的成就。中國在航太、可控核聚變、雷射、高層建築、大型水庫、高速鐵路、量子通訊技術方面處於全世界領先水準。

在經濟產業界，今天的中國經濟飛速發展，產業界也相應的湧現出一批舉世矚目的重量級人物。從改革開放初期的海爾的張瑞敏、聯想的柳傳志、長虹的倪潤峰，到網際網路領域的弄潮兒張朝陽、丁磊、王志東，到後來居上的新東方的俞敏洪、巨人集團的史玉柱、萬科的王石、華為的任正非、阿里巴巴的馬雲、百度的李彥宏、騰訊的馬化騰、京東的劉強東、褚橙的褚時健……中國的產業領袖已經越來越多的活躍在國際舞臺。

在教育方面，目前中國的教育體系的整體結構、運作、保障都存在較大的問題。雖然曾經有過「教育產業化」這樣的「創新」，但是這種創新本身在價值導向方面存在很大爭議，實施的效果也並不理想。錢學森之問已經提出多年，但是「為什麼我們的學校總是培養不出傑出人才？」這個問題還是需要教育界花更多的精力來認真反思。

在文化藝術方面，今天的中國，擁有全世界以其為母語的使用人數最多的語言：華語。文學領域的大家眾多。其中，趙樹理以《小二黑結婚》、《李有才板話》為代表作，開中國當代通俗文學的先河。姚雪垠

第八章　創新：回到概念的本源

傾注數十年心血，撰寫了歷史小說巨著《李自成》共 5 卷約 300 多萬字。年輕詩人汪國真，用詩歌影響了改革開放初期那整整一代人。此外，還湧現出一些非主流文學的先行者：王碩的「痞子文學」或「新京派」，改編成電影電視劇之後紅遍了大江南北；王小波勇於公開挑戰「革命邏輯」，讀後讓人掩卷沉思，回味良久；李承鵬快意恩仇，大膽揭露中國足球界的腐敗，嬉笑怒罵，筆觸辛辣；金庸、古龍等把傳統的武俠小說進行改進，寫出了《天龍八部》、《笑傲江湖》等讓一代年輕人如痴如醉的作品；當然還有第一位獲得諾貝爾文學獎的中國作家莫言，作品大量運用了意識流的手法，充滿現實主義和黑色幽默，有一種神話般荒誕的特質；憑藉《三體》獲得科幻小說領域全世界最高獎雨果獎的劉慈欣等。齊白石、徐悲鴻、張大千等，都是卓越的當代畫家，其風格各成一派。在文藝界的其他領域，也有大量的創新，中國中央電視臺一年一度的春節聯歡晚會就是其中一例。而在春晚登臺的許多作品讓人耳目一新，比如李谷一的《難忘今宵》、趙本山的《賣拐》和《相親》、黃宏和宋丹丹的《超生游擊隊》、陳佩斯和朱時茂的《吃麵條》和《主角與配角》、聾啞人舞蹈《千手觀音》等。非主流的文化活動也很廣泛，比如郭德綱的相聲、周立波的海派清口等。

當代中國在科學技術領域的創新，不能不說在很大程度上歸功於國家整體資源。舉一國之力，在若干關鍵領域獲得重大突破，「集中力量辦大事」是中國的優勢。產業領域的創新，一度也主要依賴國家整體資源，例如國有企業的崛起。可是在市場化程度越來越高、產業生態越來越多樣化的情況下，越來越多的產業創新是從民營企業、市場行為中誕生的。在文化藝術等領域，則主要還是借助於「草根」的力量。中國的語言文字文化的內涵是豐富的，可塑性是極強的，在文化方面，中國的創新潛力龐大。

整體看來，儘管今天的創新良莠不齊、泥沙俱下，也有很多創新的

象徵意義大於實際價值，然而不可否認的是，透過「千金買馬骨」效應，越來越多的能人投入創新的大潮。今天中國的創新，在世界舞臺上扮演越來越重要的角色，對世界的影響力也越來越大。

人類社會究竟如何進步，創新簡史一次說清楚！

技術進步 × 科學啟蒙 × 體制競爭 × 產業變革 × 文化融合，由經典案例帶來的啟示，以放大鏡來審視創新史

作　　者：趙炎
發 行 人：黃振庭
出 版 者：崧燁文化事業有限公司
發 行 者：崧燁文化事業有限公司
E-mail：sonbookservice@gmail.com
粉 絲 頁：https://www.facebook.com/
　　　　　sonbookss/
網　　址：https://sonbook.net/
地　　址：台北市中正區重慶南路一段六十一號八
　　　　　樓 815 室
Rm. 815, 8F., No.61, Sec. 1, Chongqing S. Rd.,
Zhongzheng Dist., Taipei City 100, Taiwan

電　　話：(02)2370-3310
傳　　真：(02)2388-1990
印　　刷：京峯數位服務有限公司
律師顧問：廣華律師事務所 張珮琦律師

定　　價：375 元
發行日期：2023 年 09 月第一版
◎本書以 POD 印製

國家圖書館出版品預行編目資料

人類社會究竟如何進步，創新簡史
一次說清楚！技術進步 × 科學啟
蒙 × 體制競爭 × 產業變革 × 文
化融合，由經典案例帶來的啟示，
以放大鏡來審視創新史 / 趙炎 著 .
-- 第一版 . -- 臺北市：崧燁文化事
業有限公司 , 2023.09
面；　公分
POD 版
ISBN 978-626-357-575-2(平裝)
1.CST: 科學 2.CST: 產業 3.CST: 文
化 4.CST: 歷史
309　　　 112012793

電子書購買

臉書